cool
썸머 볼레로

SUMMER

추천의 글

나만의 볼레로와
여름을 만나다

반짝이는 햇살 속, 팔랑거리는 나뭇잎 사이로 나풀대는 시폰 원피스를 입고
춤을 추듯 걷고 있는 소녀, 그 소녀가 입고 있는 작고 깜찍한 볼레로⋯
손뜨개는 간혹 도톰하고 포근한 느낌 때문에 가을 겨울 아이템으로 오해를
받습니다. 몸에 붙지 않고 찰랑거리는 실을 선택한 후 짜임을 성기게 하면
그 어느 옷보다도 훌륭한 여름아이템인데도 말이지요. 핸드메이드 썸머 볼레로는
그런 여름 손뜨개의 장점을 100% 살려 기획하였습니다.
성긴 짜임, 레이스, 경쾌한 컬러, 색다른 패턴, 에스닉한 장식⋯. 이 외에도 간단한
도안, 쉬운 뜨개 기법도 이 책의 특징입니다. 때론 발랄하고,
때론 깜찍하고, 때론 우아하게 나를 표현할 수 있는 썸머 볼레로.
여름 니트가 지닌 특별한 매력을 여러분들께 선물합니다.
감각이 돋보이는 작품 만들기에 힘써 주신 전국 바늘이야기 점주님께 감사드립니다.

바늘이야기 송영예

contents

cool *summer* Bolero

〈Tip! 알아두기〉

책 펼치기 전, 손뜨개 기초 익히기

 게이지 보는 법

게이지란 옷의 가로 세로 10cm 안에 들어가는 코 수와 단 수를 말한다. 예를 들어 가로 10cm 안에 들어가는 코 수가 10코이고, 세로 10cm 안에 들어가는 단수가 16단이라면 게이지는 10코×16단이 된다. 이 게이지를 10으로 나눠 완성할 옷의 치수를 곱해서 작품을 진행하면 된다. 만약 가슴둘레가 80cm인 옷을 뜨려면 뒤판 폭이 40cm가 되어야 하므로 뒤판 폭 40cm에 '가로 코 수÷10'을 곱하면 필요한 코 수가 나온다. 세로치수도 옷길이에 '세로 단 수÷10'을 곱하면 단 수가 된다. 이렇게 각각의 치수에 코 수와 단 수를 정한 다음 옷을 뜨면 정확한 치수로 완성할 수 있다.

● 메리야스뜨기일 때 메리야스뜨기로 사방 15cm를 뜬 후 가로와 세로 10cm 안에 들어가는 코 수를 센다.

● 무늬뜨기일 때 작품과 똑같이 무늬뜨기를 한 후 1무늬가 몇 코 몇 단인지 세어 본다.

 적당한 여름 실의 양

실은 종류에 따라 다르지만 여름 실의 경우는 1볼당 70~90g 정도로, 보통 4볼이 포장되어 있다. 일반적으로 짧은 볼레로 하나를 뜨는 데 드는 실의 양은 150~250g 정도. 긴 볼레로를 뜨는 데 드는 실의 양은 300~400g 정도 이다.

여름에 쓰기 적당한 실의 종류

● 썸머울 울 88%, 필라멘트 레이온 12%가 들어간 울 소재로 강연처리가 되어 있어 몸에 붙지 않고 찰랑거리는 느낌을 준다. 1겹은 레이스 코바늘 No.2, 2겹은 대바늘 3.5mm~4mm를 사용한다.

● 스위트사 100% 코마 면사로 면사 중에 통기성이 가장 좋은 실이다. 대바늘은 3.5mm, 코바늘은 3/0호를 사용한다.

● 플로라사 찰랑거리는 느낌이 좋아 여름 실로 많이 이용한다. 100% 코마 면사를 실켓가공한 실. 바늘은 레이스 코바늘 No.2가 적당하다.

● 하이소프트사 코튼 60%와 아크릴 40%를 혼용하여 벌키감이 있다. 입을 때 가벼우면서도 포근한 느낌을 준다. 대바늘은 3.5mm, 코바늘은 3/0호를 사용한다.

● 스팽글사 폴리필라멘트에 스팽글을 넣어서 짜놓은 실로 다른 소재들과 합사해서 많이 사용한다. 여름옷에 사용하기 좋은 팬시얀이다.

● 가이아사(인견사) 레이온 50%, 실크아크릴 50%를 혼용해 샤이닝한 느낌과 찰랑거리는 느낌이 좋은 실이다. 코바늘 뜨기에 적합한 실로 바늘은 레이스 코바늘 No.2를 사용한다.

● 메탈릭사 메탈을 넣어 레이온을 짜놓은 팬시얀으로 가방이나 뜨개 작품에 포인트를 줄 때 많이 사용한다. 화려하면서도 세련된 느낌을 준다.

이 책에 나오는 도안 보는 법

손뜨개에 익숙해지면 도안만 봐도 척척 뜰 수 있지만
초보자의 경우 눈에 잘 들어오지 않는다.
도안 보는 법을 참고해 차근차근 떠 보도록 하자.

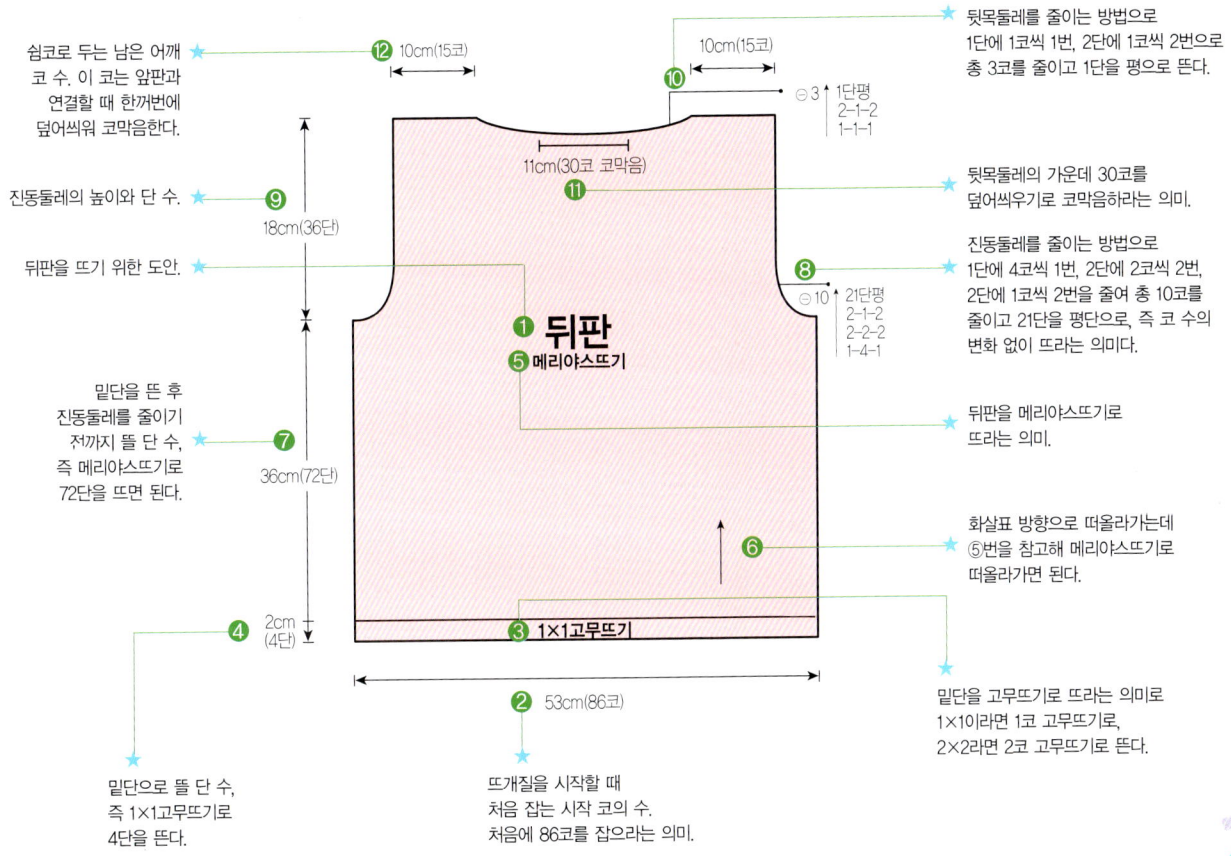

쉼코로 두는 남은 어깨
코 수. 이 코는 앞판과
연결할 때 한꺼번에
덮어씌워 코막음한다.

진동둘레의 높이와 단 수.

뒤판을 뜨기 위한 도안.

밑단을 뜬 후
진동둘레를 줄이기
전까지 뜰 단 수,
즉 메리야스뜨기로
72단을 뜨면 된다.

밑단으로 뜰 단 수,
즉 1×1고무뜨기로
4단을 뜬다.

뜨개질을 시작할 때
처음 잡는 시작 코의 수.
처음에 86코를 잡으라는 의미.

뒷목둘레를 줄이는 방법으로
1단에 1코씩 1번, 2단에 1코씩 2번으로
총 3코를 줄이고 1단을 평으로 뜬다.

뒷목둘레의 가운데 30코를
덮어씌우기로 코막음하라는 의미.

진동둘레를 줄이는 방법으로
1단에 4코씩 1번, 2단에 2코씩 2번,
2단에 1코씩 2번을 줄여 총 10코를
줄이고 21단을 평단으로, 즉 코 수의
변화 없이 뜨라는 의미다.

뒤판을 메리야스뜨기로
뜨라는 의미.

화살표 방향으로 떠올라가는데
⑤번을 참고해 메리야스뜨기로
떠올라가면 된다.

밑단을 고무뜨기로 뜨라는 의미로
1×1이라면 1코 고무뜨기로,
2×2라면 2코 고무뜨기로 뜬다.

도안 내부 표기

- ⑫ 10cm(15코)
- ⑩ 10cm(15코)
- ⊝ 3 1단평 / 2-1-2 / 1-1-1
- 11cm(30코 코막음)
- ⑨ 18cm(36단)
- ⑪
- ⑧ ⊝ 10 21단평 / 2-1-2 / 2-2-2 / 1-4-1
- ⑦ 36cm(72단)
- ❶ 뒤판 / ❺ 메리야스뜨기
- ❻
- ④ 2cm(4단)
- ❸ 1×1고무뜨기
- ❷ 53cm(86코)

PART 1

귀 엽 고
사 랑 스 러 운
미 니 볼 레 로

Cute & lovely style

성기게 짠 니트나 레이스 사이로 솔솔 들어오는 바람.
한 여름의 니트는 신기하게도 옷 속에
바람을 품는다. 그 중 '썸머 볼레로' 는 소매나
옷길이가 대체로 짧고, 사용하는 뜨개 기법 또한
비교적 단순해 빠르고 쉽게 짜서 입을 수 있는 한여름
뜨개 아이템이다. part 1은 여름 뜨개 입문편으로,
기본 뜨개 기법만으로 쉽게 뜰 수 있는
귀여운 스타일의 미니볼레로 몇 가지를 소개한다.

 **연노란 캔디 볼레로**

사슬뜨기, 짧은뜨기, 한길 긴뜨기 등 코바늘 뜨기의 기본 기법만으로 쉽게 완성할 수 있는
아이템이다. 스팽글사를 합사하여 진동과 밑단을 장식, 귀여운 느낌을 더한다.

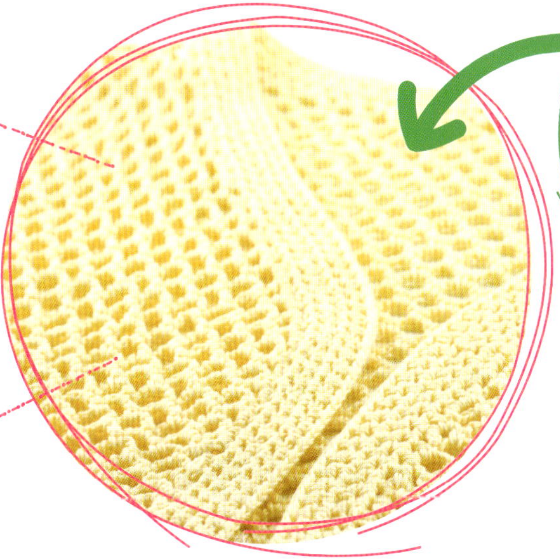

★**완성치수**
가슴둘레—80cm
옷길이—30cm
소매길이—7.5cm

★**재료와 도구**
실
가이아사 연노란색 180g,
스팽글사 초록색 20g
바늘
코바늘 5/0호

★**게이지**
7무늬 7단

사용한 뜨기부호
+ 짧은뜨기
ᆍ 한길 긴뜨기
○ 사슬뜨기

연노란 캔디 볼레로

✖ 몸판 뜨기

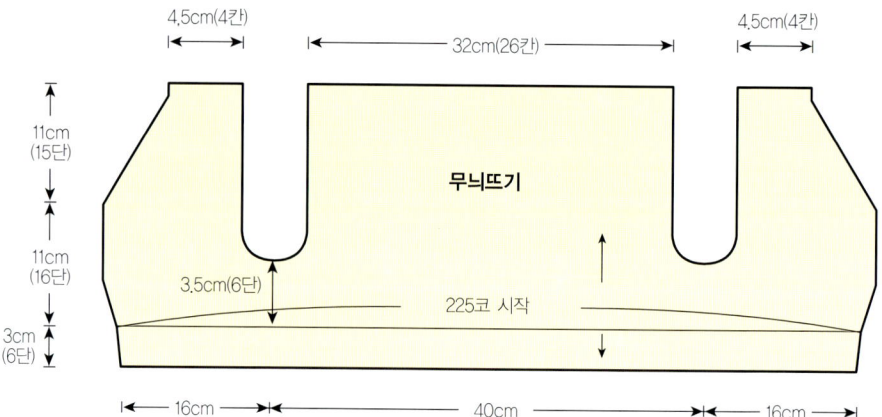

4.5cm(4칸)   32cm(26칸)   4.5cm(4칸)

11cm (15단)

11cm (16단)

3cm (6단)

무늬뜨기

3.5cm(6단)

225코 시작

16cm   40cm   16cm

⭐ 몸판

❶ 연노란색 가이아사 2겹으로 5/0호 코바늘을 사용하여 사슬코 225코를 잡는다.

❷ 도안의 무늬뜨기로 6단을 뜨면서 앞섶을 늘린다.

❸ 도안과 같이 진동을 줄이면서 뜨고 앞목둘레도 줄여 한쪽 앞판을 완성한다.

❹ 도안의 표시된 부분에서 새 실을 걸어 뒤판을 완성한다.

❺ 도안과 대칭이 되게 다른 한쪽의 앞판을 완성한다.

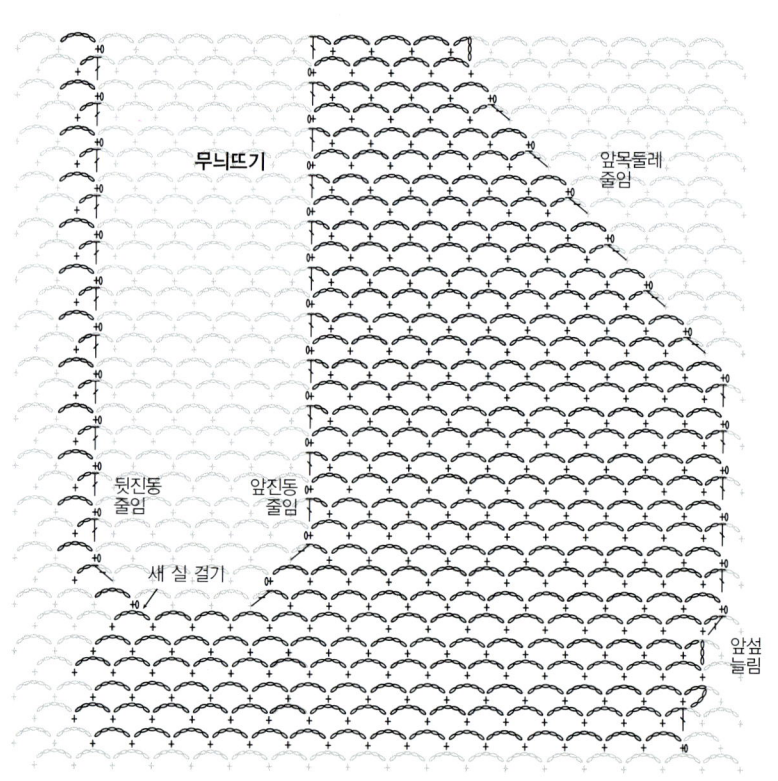

무늬뜨기

앞목둘레 줄임

뒷진동 줄임

앞진동 줄임

새 실 걸기

앞섶 늘림

❈ 소매 뜨기

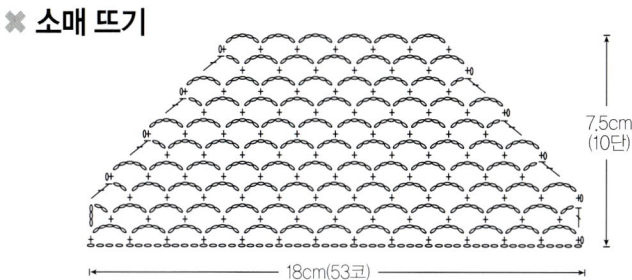

7.5cm
(10단)

18cm(53코)

❈ 마무리하기

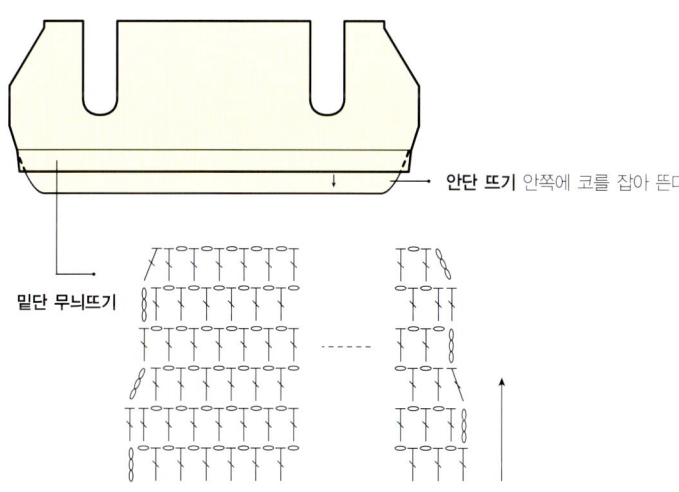

안단 뜨기 안쪽에 코를 잡아 뜬다.

밑단 무늬뜨기

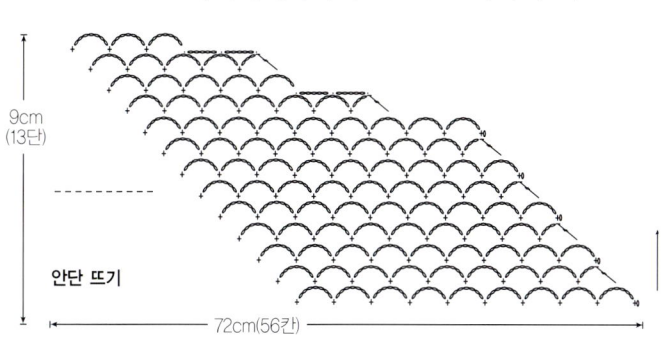

9cm
(13단)

안단 뜨기

72cm(56칸)

① 연노란색 가이아사 2겹으로 5/0호 코바늘을
사용하여 사슬코 53코를 잡는다.

② 도안의 무늬뜨기대로 코를 줄여가며 10단을 뜬다.

⭐ **마무리**

① 밑단 무늬뜨기로 줄임을 하면서 6단을 뜬다.

② 연노란색 가이아사 1겹과 스팽클사 1겹을
합사하여 안쪽에서 코를 잡아 도안과 같이 안단을
13단 뜬다.

③ 앞, 뒤 어깨를 사슬뜨기와 짧은뜨기로 연결한다.

④ 사슬뜨기와 짧은뜨기로 몸판에 소매를 연결한다.

⑤ 연노란색 가이아사 2겹으로 도안과 같이
목둘레단을 뜬다.

⑥ 연노란색 가이아사 1겹과 스팽글사 1겹을
합사하여 진동둘레를 뜬다.

⑦ 연노란색 가이아사 1겹과 스팽글사 1겹을
합사하여 밑단에 테두리뜨기를 한다.

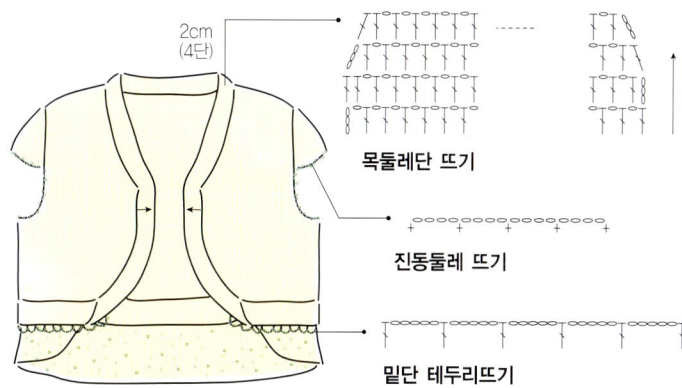

2cm
(4단)

목둘레단 뜨기

진동둘레 뜨기

밑단 테두리뜨기

 스트로베리 미니 볼레로

직사각형 도안만으로 완성되는 짧은 소매의 미니 볼레로. 소매와 밑단 테두리에 비즈를 달아
화려하면서도 깜찍한 느낌이다. 코바늘 뜨기의 기본 기법만으로 완성할 수 있다.

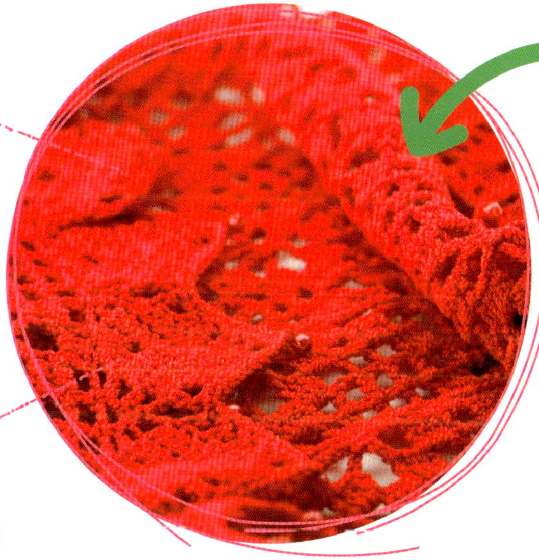

★ 완성치수
가슴둘레-80cm
옷길이-33cm

★ 재료와 도구
실
썸머울 빨간색 150g
바늘
레이스 코바늘 2호
기타
빨간색 비즈 102개

★ 게이지
2무늬 16단

사용한 뜨기부호

₮ 한길 긴뜨기

╋ 짧은뜨기

〇 사슬뜨기

스트로베리 미니 볼레로

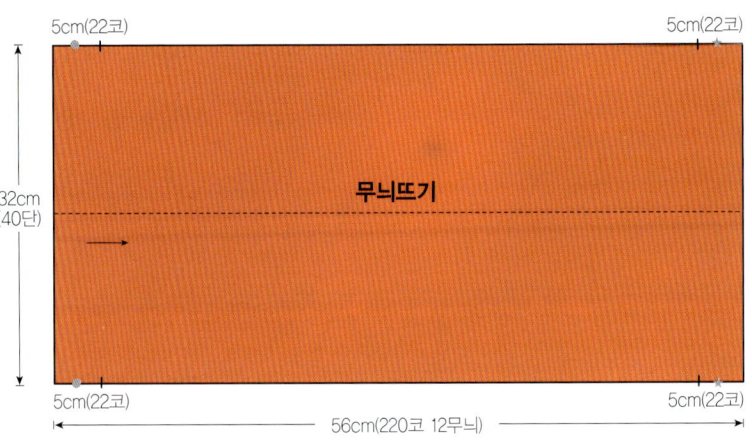

5cm(22코)   5cm(22코)

32cm
(40단)

무늬뜨기

5cm(22코)   5cm(22코)

56cm(220코 12무늬)

몸판

❶ 빨간색 썸머울로 2호 레이스 코바늘을 사용하여
   사슬코 220코를 잡는다.
❷ 도안과 같이 무늬뜨기로 40단을 뜬다.

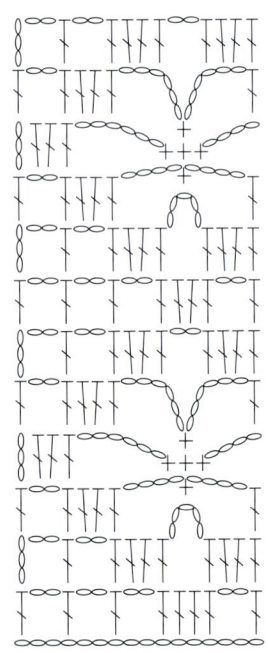

》몸판 무늬뜨기

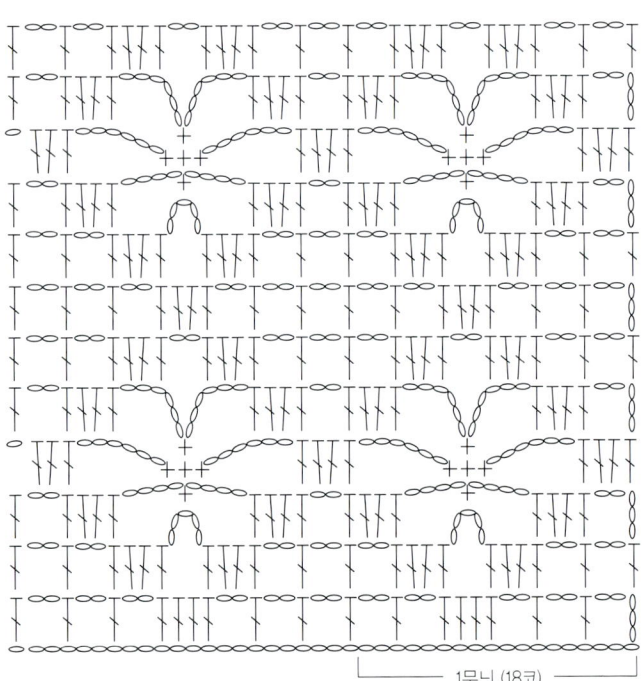

1무늬 (18코)

✖ 마무리하기

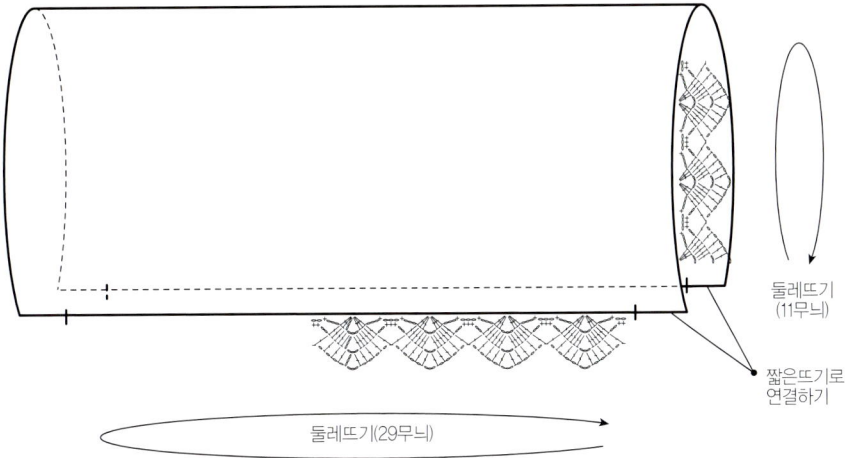

둘레뜨기
(11무늬)

짧은뜨기로
연결하기

둘레뜨기(29무늬)

☆ 마무리

❶ 도안의 표시된 부분 22코를 하나씩
   같은 무늬끼리 짧은뜨기로 연결한다.

❷ 소매와 밑단을 둘레뜨기로
   무늬뜨기를 하여 완성한다.

❸ 둘레뜨기를 한 소매 밑단 중
   짧은뜨기한 곳에 비즈를 단다. 이때
   그림과 같이 비즈를 바깥쪽과 안쪽에
   하나씩 번갈아가며 달아 준다.

〉〉소매, 밑단 테두리 뜨기

비즈를 다는 위치

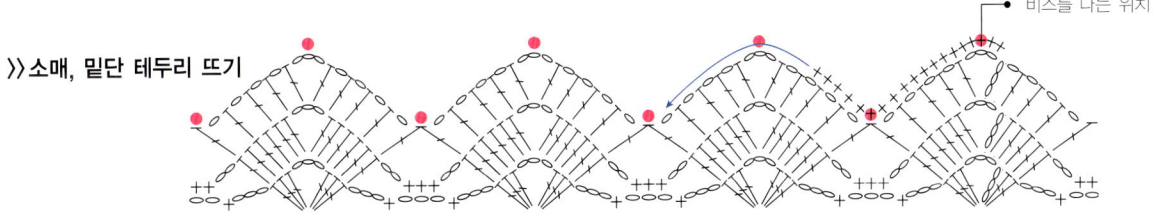

알아 두세요

대바늘의 둘레뜨기

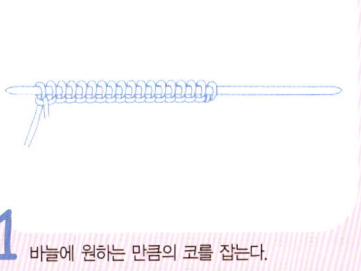

1 바늘에 원하는 만큼의 코를 잡는다.

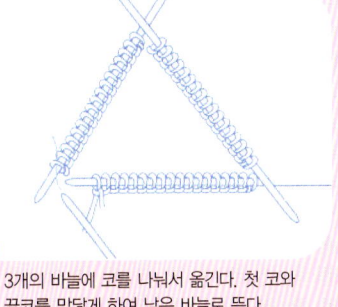

2 3개의 바늘에 코를 나눠서 옮긴다. 첫 코와
끝코를 맞닿게 하여 남은 바늘로 뜬다.

* 둘레뜨기는 바늘 4개를 가지고
  진행한다. 바늘 1개는 뜨는 용도로 쓰고
  나머지 3개의 바늘은 전체 코를
  3등분으로 나누어서 코를 잡아 주는
  용도로 쓴다. 전체를 빙빙 돌아가면서
  뜨는데 한 바퀴를 돌면 바늘 4개의
  위치가 바뀌게 된다.

 레이스 버튼 볼레로

짧은 테두리 무늬뜨기와 칼라와 소매 밑단의 그물무늬 짜임이 레이스 느낌이 나 더욱
사랑스러운 아이템. 톱이나 슬리브리스 등에 겹쳐입기가 좋아 한여름 아우터로 적당하다.

★완성치수
가슴둘레-80cm
옷길이-27cm
소매길이-8.5cm

★재료와 도구
실
썸머울 흰색 100g
바늘
레이스 코바늘 2호
기타
진주모양 단추 작은 것 4개,
큰 것 1개

★게이지
3 1/2무늬 16단

사용한 뜨기부호
○ 사슬뜨기
十 짧은뜨기
丅 한길 긴뜨기
8○ 피코뜨기
𝖞 두길 긴뜨기

썸머 cool knits 볼레로

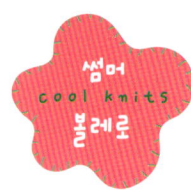

레이스 버튼 볼레로

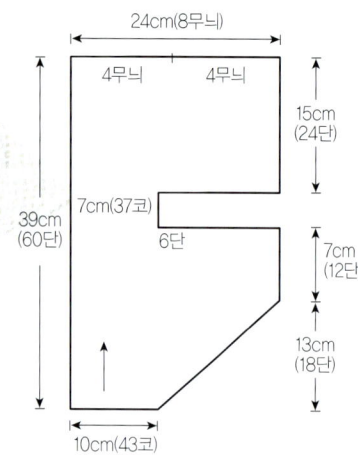

24cm(8무늬)
4무늬
4무늬
15cm
(24단)
7cm(37코)
6단
39cm
(60단)
7cm
(12단)
13cm
(18단)
10cm(43코)

✖ 몸판 뜨기

24단
진동 줄임
새 실 걸기
12단
앞목 늘림
18단

몸판

1. 흰색 썸머울로 2호 레이스 코바늘을 사용하여 사슬코 43코를 잡는다.
2. 도안과 같이 무늬뜨기를 하면서 앞목둘레를 늘리면서 18단을 뜬다.
3. 줄임 없이 12단을 뜬다. 도안에 표시된 부분에 새 실을 걸어 진동을 줄여 준 다음 6단을 뜬다.
4. 다시 코를 늘려 24단을 뜬 후 마무리한다.
5. 같은 방법으로 한 장을 더 뜬다.

소매

1. 흰색 썸머울로 2호 레이스 코바늘을 사용하여 사슬코 76코를 만든다.
2. 도안과 같이 줄임을 하면서 소매를 뜬다.
3. 같은 방법으로 한 장을 더 뜬다.

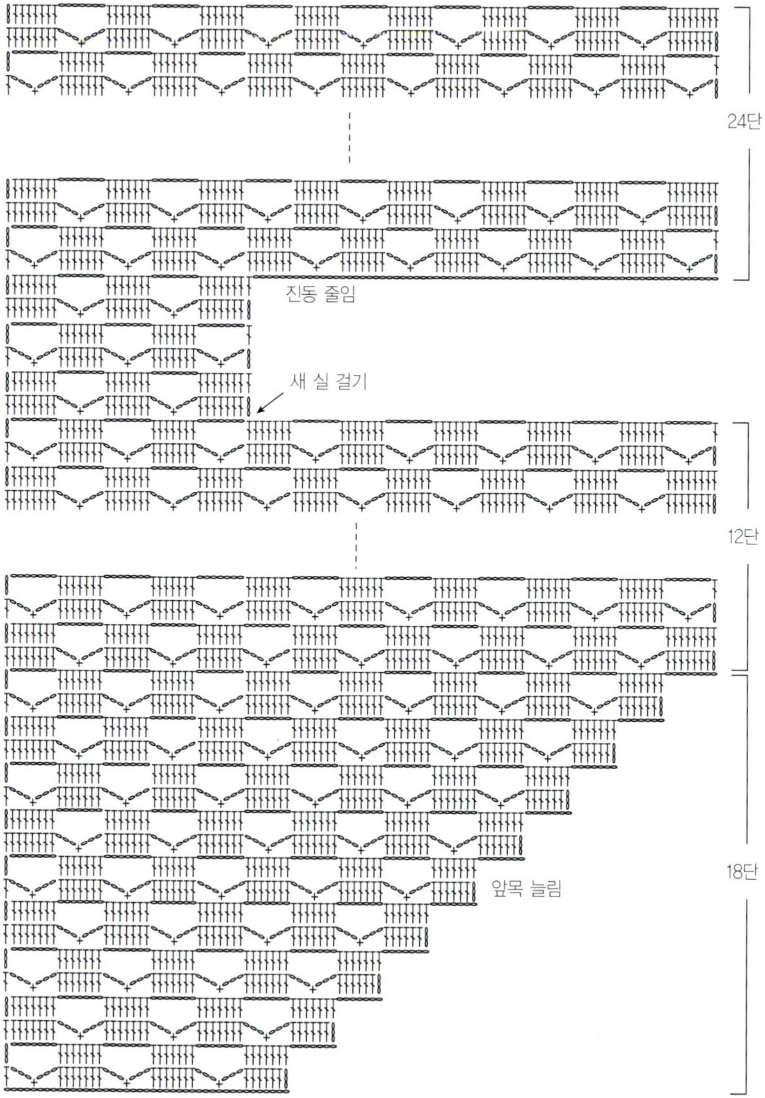

❈ 소매 뜨기

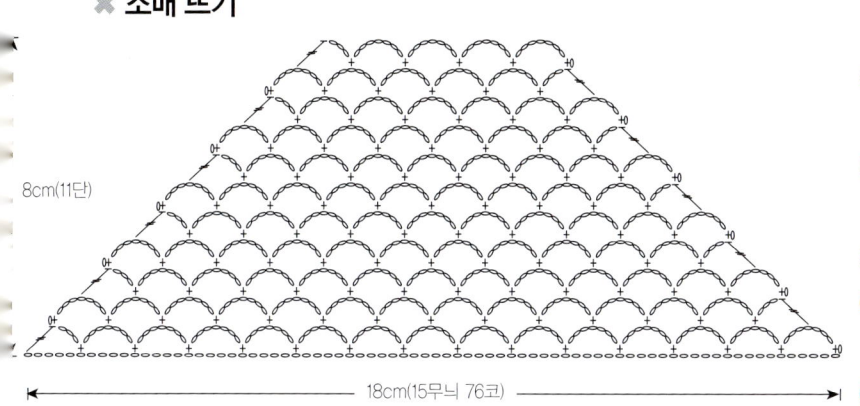

8cm(11단)

18cm(15무늬 76코)

❈ 마무리하기

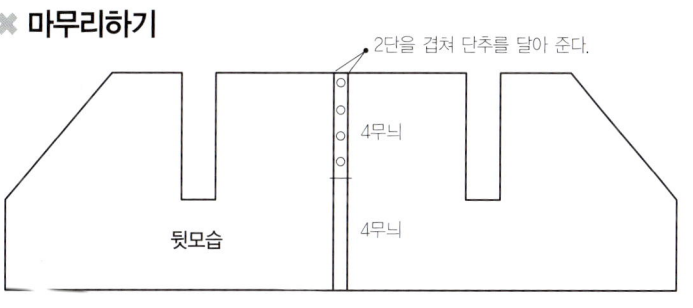

2단을 겹쳐 단추를 달아 준다.

4무늬

4무늬

뒷모습

☆ 마무리

❶ 도안의 뒷모습 그림과 같이 떠 놓은 몸판 2장을 겹쳐 단추 4개를 달아 주어 연결한다.

❷ 떠 놓은 소매를 몸판 진동에 맞추어 짧은뜨기와 사슬뜨기로 연결한다.

❸ 진동은 진동둘레 무늬뜨기로 뜬 후 마무리한다.

❹ 목둘레에서 코를 잡아 칼라 무늬뜨기로 코를 줄여가며 뜬다. 칼라 테두리뜨기로 마무리한다.

❺ 그림처럼 밑단에서 코를 잡아 무늬뜨기로 코를 줄여가며 뜬다. 밑단 테두리뜨기로 마무리한다.

❻ 다른 한쪽의 밑단도 같은 방법으로 뜬다.

❼ 앞여밈 부분에 단추를 달아 완성한다.

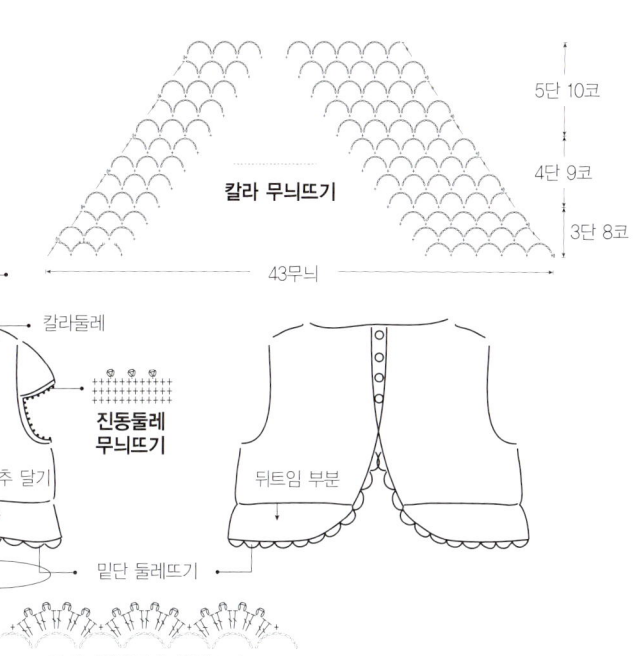

5단 10코

4단 9코

3단 8코

칼라 무늬뜨기

43무늬

칼라둘레

진동둘레 무늬뜨기

단추 달기

뒤트임 부분

밑단 둘레뜨기

밑단 무늬뜨기

3단 9코

2단 8코
2단 7코

30무늬

칼라, 밑단둘레 무늬뜨기

04 체리핑크 판초

한여름 '란제리 룩'을 화려하고 세련되게 연출할 수 있는 아이템. 허릿단을 고무뜨기로 떠서 몸에 피트하게 맞도록 처리해 날씬한 실루엣을 만든다.

★ **완성치수**
가슴둘레-84cm
옷길이-49cm

★ **재료와 도구**
실
빔사 체리핑크색 200g
바늘
대바늘 3mm, 코바늘 3/0호,
돗바늘
기타
일반단추 3개

★ **게이지**
대바늘 44코 42단
코바늘 2 1/2무늬 9단

사용한 뜨기부호

+	짧은뜨기
╤	한길 긴뜨기
├─┤	1×1고무뜨기
○	사슬뜨기

체리핑크 판초

※ 몸판 뜨기

74cm
180코 시작

25cm

30무늬

8 1/2무늬

8 1/2무늬

몸판
무늬뜨기

단추 다는 위치

16cm
(66단)

1×1고무뜨기

62cm(272코)

목둘레 테두리뜨기

※ 단추 뜨기

🌟 몸판

❶ 체리핑크색 빔사로 3/0호 코바늘을 사용하여
   사슬코 180코를 잡는다.
❷ 몸판 무늬뜨기 도안과 같이 총 30무늬를 잡아
   코를 늘려 가며 원통형으로 25cm를 뜬다.
❸ 양쪽을 8 1/2무늬씩 뜨고 전체 둘레에서 272코를
   잡아 3mm 대바늘을 사용하여 1×1고무뜨기로
   66단을 뜬다.
❹ 돗바늘로 마무리한다.

🌟 마무리

❶ 목둘레를 테두리 무늬뜨기로 떠서 마무리한다.
❷ 도안과 같이 단추 뜨기를 한다. 같은 방법으로 두
   개를 더 뜬다. 앞부분에 단추를 달아 준다.

≫몸판 무늬뜨기

(무늬뜨기 도안)

1 무늬

알아 두세요

평뜨기 1코 고무뜨기 돗바늘 마무리

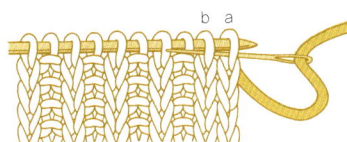

1 a코 뒤쪽에서 바늘을 넣어 b코 뒤에서 앞쪽으로 꺼낸다.

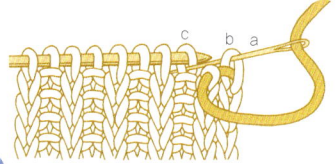

2 a코로 되돌아가 바늘을 넣고, b코는 건너뛰고 c코 앞쪽에서 뒤쪽으로 꺼낸다.

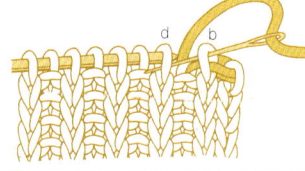

3 b코로 되돌아가 앞쪽에서 바늘을 넣고 c코는 건너뛰고, d코 뒤쪽에서 앞쪽으로 꺼낸다.

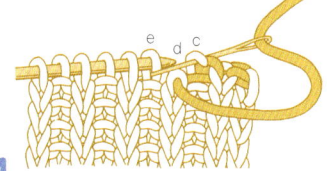

4 끝이 1코인 경우와 마찬가지로 마무리한다.

 **핑크 리본 랩 볼레로**

대바늘을 주로 사용하는 심플한 랩 스타일 볼레로. 코 겹치기와 바늘비우기 기법을 활용하여
가는 망사 무늬를 만들었다. 로맨틱, 포멀, 스포티 등 다양한 스타일을 연출할 수 있다.

★**완성치수**
가슴둘레－86cm
옷길이－27cm

★**재료와 도구**
실
썸머울 분홍색 200g
바늘
대바늘 3.5mm, 대바늘 4mm,
코바늘 3/0호, 돗바늘

★**게이지**
18코 32단

사용한 뜨기부호

뜨기부호	설명
‖ – –	2×2고무뜨기
⋏	왼코 겹치기
⋋	오른코 겹치기
○	바늘비우기
＋	짧은뜨기

썸머 cool knits 볼레로

핑크 리본 랩 볼레로

✖ 몸판 뜨기

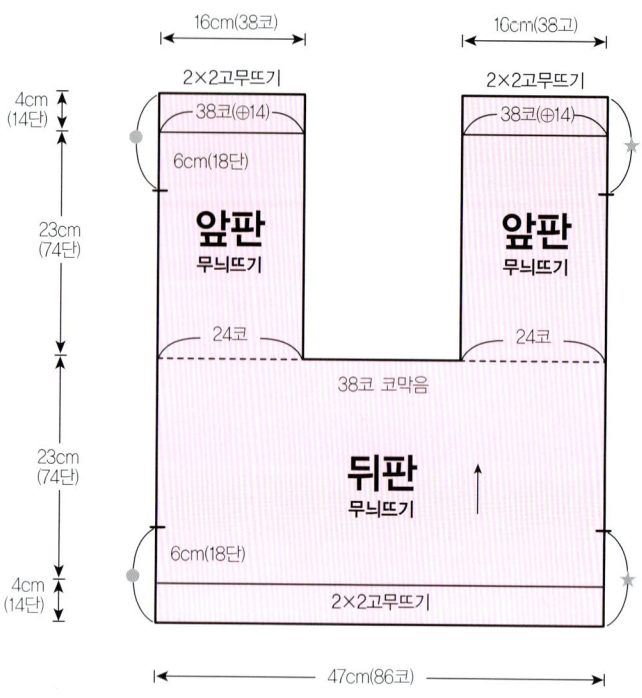

⭐ 몸판

① 분홍색 썸머울 2겹으로 4mm 대바늘을 사용하여 일반코잡기로 86코를 잡아 2×2고무뜨기로 14단을 뜬다.

② 도안의 무늬뜨기와 같이 74단을 뜬다.

③ 처음 24코만 뜬 다음 무늬뜨기를 하면서 74단을 뜬다.

④ 14코를 늘려 38코를 만든 다음 2×2고무뜨기로 14단을 뜬 후 코막음한다.

⑤ 남은 첫 코에 새 실을 걸어 38코는 코막음을 하고 24코는 무늬뜨기를 하면서 74단을 뜬다.

⑥ 14코를 늘려 38코를 만든 다음 2×2고무뜨기로 14단을 뜬 후 코막음한다.

》몸판 무늬뜨기

✖ 마무리하기

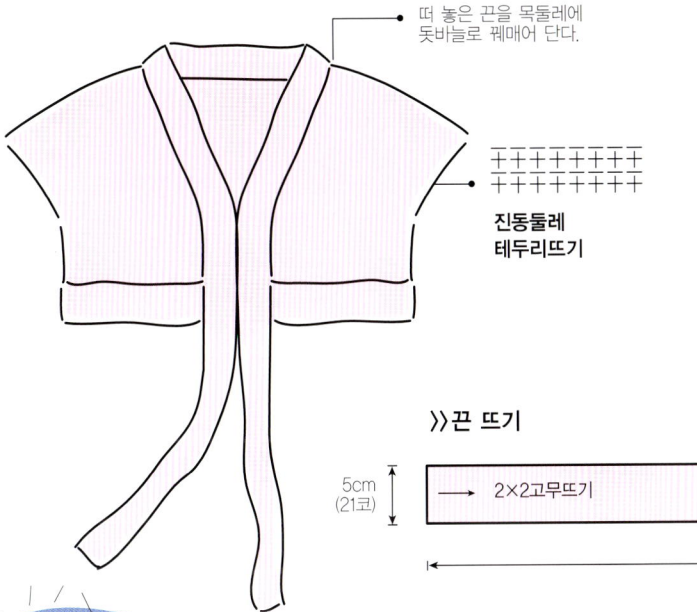

떠 놓은 끈을 목둘레에
돗바늘로 꿰매어 단다.

╈╈╈╈╈╈╈╈
╈╈╈╈╈╈╈╈

**진동둘레
테두리뜨기**

☆ 마무리

❶ 도안에 표시된 같은 무늬끼리 돗바늘로 꿰매어
연결한다.

❷ 진동둘레는 3/0호 코바늘을 사용하여 테두리
뜨기를 한다.

❸ 3.5mm 대바늘로 일반코잡기로 21코를 잡아
2×2고무뜨기로 852단을 뜬 다음 코막음을 하여
끈을 만든다.

❹ 만들어 놓은 끈을 목둘레에 잘 맞추어 돗바늘로
꿰매어 달아 준다.

〉〉끈 뜨기

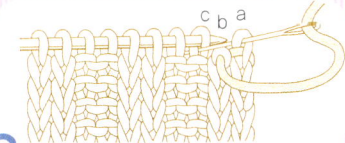

5cm
(21코)

2×2고무뜨기

258cm(852단)

알아 두세요

2코 고무뜨기 마무리

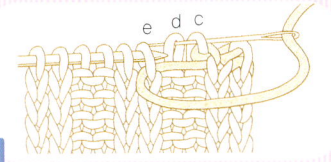

1 마무리실을 오른쪽으로 하고 a코 뒤쪽에서
돗바늘을 넣어 b코 뒤쪽에서 앞쪽으로 꺼낸다.

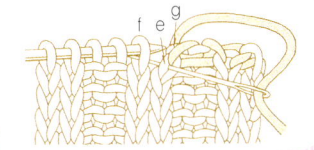

2 a코로 다시 돌아가 앞쪽에서 바늘을 넣고 b코는
건너뛰어 c코 앞쪽에서 뒤쪽으로 바늘을 꺼낸다.

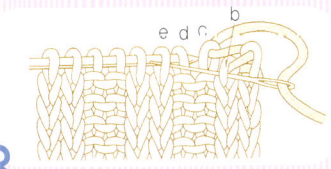

3 b코 앞쪽에서 바늘을 넣어 c, d코를 건너뛰고
e코 뒤쪽에서 앞쪽으로 꺼낸다.

4 c코로 돌아와 뒤쪽에서 바늘을 넣어 e코
앞쪽에서 뒤쪽으로 바늘을 뺀다.

5 e코 앞쪽에서 바늘을 넣어 f코 뒤쪽에서
앞쪽으로 뺀다.

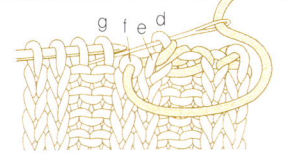

6 d코 뒤에서 바늘을 넣어 e, f코는 건너뛰고, g코
앞에서 뒤로 뺀다. 마찬가지로 겉코와 겉코, 안코와
안코 순으로 1코에 두 번씩 하여 마무리한다.

모티브 볼레로 슬리브리스 세트

대바늘 기본뜨기와 코바늘 기본뜨기가 자연스럽게 어우러져 완성된 작품.
바운드사의 부드러운 광택과 파스텔 톤의 모티브가 경쾌함을 준다.

★완성치수

볼레로
가슴둘레 80cm
옷길이 33cm
소매길이 10cm
슬리브리스 티셔츠
가슴둘레 79cm
옷길이 51cm

★재료와 도구

실
바운드사 흰색 270g, 바운드사
연두색 · 노란색 · 진파란색 · 하늘색 ·
진보라색 · 연보라색 · 분홍색 ·
주황색 · 연하늘색 각각 조금씩
바늘
대바늘 3.5mm, 코바늘 3/0호,
돗바늘

★게이지
26코 32단

사용한 뜨기부호

I 메리야스뜨기	◯ 사슬뜨기
+ 짧은뜨기	⊥ 두길 긴뜨기
● 빼뜨기	8° 피코뜨기
⊤ 한길 긴뜨기	

모티브 볼레로 슬리브리스 세트

흰색 실로 빼뜨기 연결

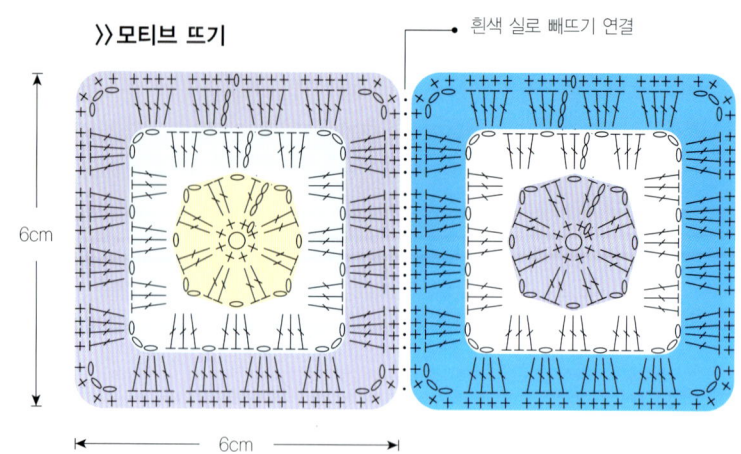

>> 모티브 볼레로

☆ 뒤판

❶ 흰색 바운드사로 3.5mm바늘을 사용하여
   일반코잡기로 100코를 잡는다.

❷ 메리야스 뜨기로 16단을 뜬다.

❸ 양옆의 진동은 12코씩 줄여 주고 21단을 더 뜬다.

❹ 오른쪽 어깨에서 23코를 잡아 뒤로 돌려 도안과
   같이 9코를 줄여 주고 6단을 더 뜬다. 남은 코는
   바늘에 걸어 둔다.

❺ 목둘레 첫 코에 새 실을 걸어 30코를 코막음하고
   오른쪽과 같은 방법은 뒷목둘레 줄임을 한다.
   남은 코는 바늘에 걸어 둔다.

☆ 앞판

❶ 흰색 바운드사로 3.5mm바늘을 사용하여
   일반코잡기로 48코를 잡는다.

❷ 메리야스 뜨기로 16단을 뜬다.

✻ 뒤판 뜨기

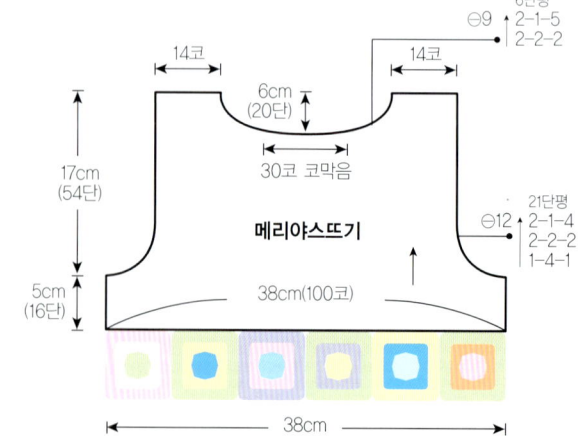

14코
6단평
⊖9
2-1-5
2-2-2
6cm
(20단)
14코
17cm
(54단)
30코 코막음
21단평
⊖12
2-1-4
2-2-2
1-4-1
메리야스뜨기
5cm
(16단)
38cm(100코)
38cm

✖ 앞판 뜨기

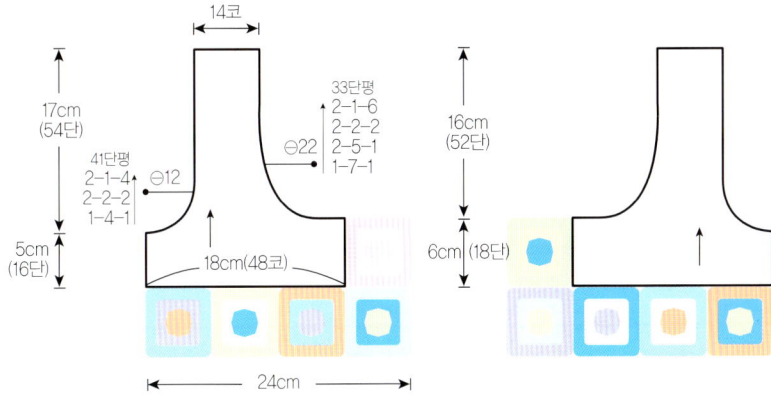

❸ 진동은 12코를 줄이면서 41단을 더 뜬다. 이때 앞
목둘레 줄임도 같이 진행을 한다.

❹ 남은 어깨 코는 바늘에 걸어 둔다.

❺ 같은 방법으로 대칭이 되게 한 장을 더 뜬다.

⭐ 소매

❶ 흰색 바운드사로 3.5mm바늘을 사용하여
일반코잡기로 54코를 잡는다.

❷ 양옆 소매산은 17코씩을 줄이면서 26단을 뜬다.

❸ 남은 20코는 코막음한다.

❹ 같은 방법으로 한 장을 더 뜬다.

✖ 소매 뜨기

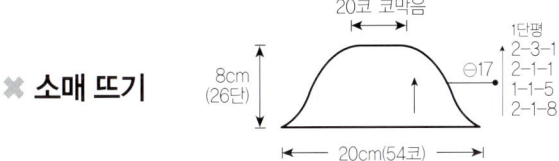

⭐ 마무리

❶ 앞판과 뒤판의 겉과 겉을 맞대어 코막음 방법으로
어깨코를 연결한다.

❷ 앞판과 뒤판의 옆선을 돗바늘로 연결한다.

❸ 떠 놓은 소매를 진동둘레에 맞추어 돗바늘로
연결한다.

❹ 여러 가지 색 바운드사로 도안과 같이 모티브를
16개 뜬다.

❺ 빼뜨기로 각각의 모티브를 연결하고 몸판에도
그림과 같이 연결한다.

❻ 목둘레, 전체 둘레, 진동둘레를 테두리뜨기로
뜬다.

❼ 앞여밈 끈을 떠서 달아 완성한다.

✖ 마무리하기

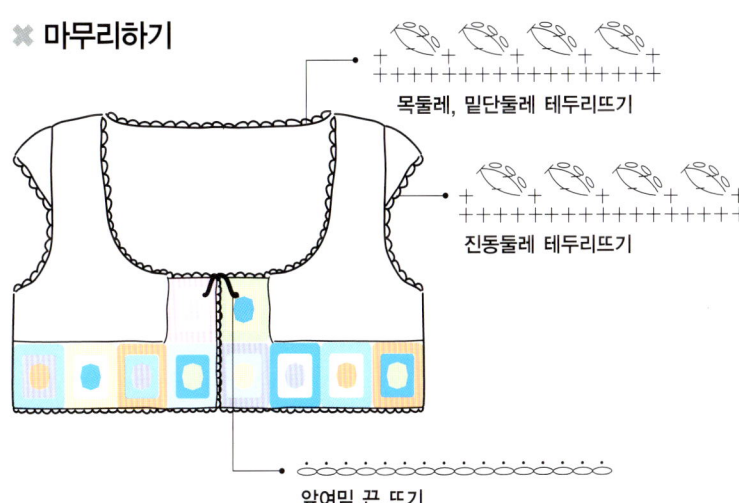

목둘레, 밑단둘레 테두리뜨기

진동둘레 테두리뜨기

앞여밈 끈 뜨기

썸머
cool knits
볼레로

모티브 볼레로 슬리브리스 세트

❋ 몸판 뜨기

뒤판 다이어그램:
- 13코
- 13코 ⊖9 12단평 2-1-5 / 2-2-2
- 8cm (26단)
- 28코 코막음
- 18cm (58단)
- ⊖14 15단평 2-1-6 / 2-2-2 / 1-4-1
- **뒤판** 메리야스뜨기
- 25cm (80단)
- 38cm(100코)

앞판 다이어그램:
- 13코
- 13코 ⊖11 22단평 2-1-6 / 2-2-1 / 2-3-1
- 12cm (38단)
- 24코 코막음
- 18cm (58단)
- ⊖14 3단평 2-1-6 / 2-2-2 / 1-4-1
- **앞판** 메리야스뜨기
- 25cm (80단)
- 38cm(100코)

〉〉 슬리브리스 티셔츠

★ 뒤판

❶ 흰색 바운드사로 3.5mm바늘을 사용하여 일반코잡기로 100코를 잡는다.

❷ 메리야스뜨기로 80단을 뜬다.

❸ 양옆의 진동은 14코씩 줄여 주고 15단을 더 뜬다.

❹ 오른쪽 어깨는 22코를 뜬 다음 뒤로 돌려 9코를 줄여 주고 12단을 더 뜬다. 남은 코는 바늘에 걸어 둔다.

❺ 목둘레 첫 코에 새 실을 걸어 28코를 코막음하고 오른쪽과 같은 방법으로 뒷목둘레를 줄여 준다. 남은 코는 바늘에 걸어 둔다.

★ 앞판

❶ 흰색 바운드사로 3.5mm바늘을 사용하여 일반코잡기로 100코를 잡는다.

❷ 메리야스뜨기로 80단을 뜬다.

❸ 양옆의 진동은 14코씩 줄여 주고 3단을 더 뜬다.

>>방울 뜨기

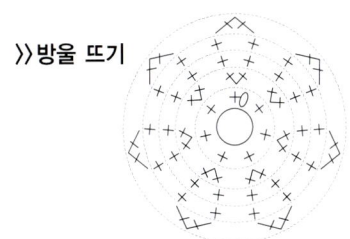

>>끈 뜨기

120cm

❹ 오른쪽 어깨 코는 24코를 뜬 다음 뒤로 돌려
   11코를 줄여 주고 22단을 더 뜬다. 남은 코는
   바늘에 걸어 둔다.
❺ 목둘레 첫 코에 새 실을 걸어 24코를 코막음하고
   오른쪽과 같은 방법으로 앞목둘레를 줄여 주고
   남은 코는 바늘에 걸어 둔다.

⭐ 마무리

❶ 앞판과 뒤판의 겉과 겉을 맞대어 코막음으로 어깨
   코를 연결한다.
❷ 앞판과 뒤판의 옆선을 돗바늘로 연결한다.
❸ 3/0호 코바늘을 사용하여 밑단둘레에
   테두리뜨기를 한다.
❹ 목둘레, 진동둘레도 테두리뜨기를 한다.
❺ 도안과 같이 방울 2개와 끈을 뜬 다음 몸판에 달아
   장식한다.

✖ 마무리하기

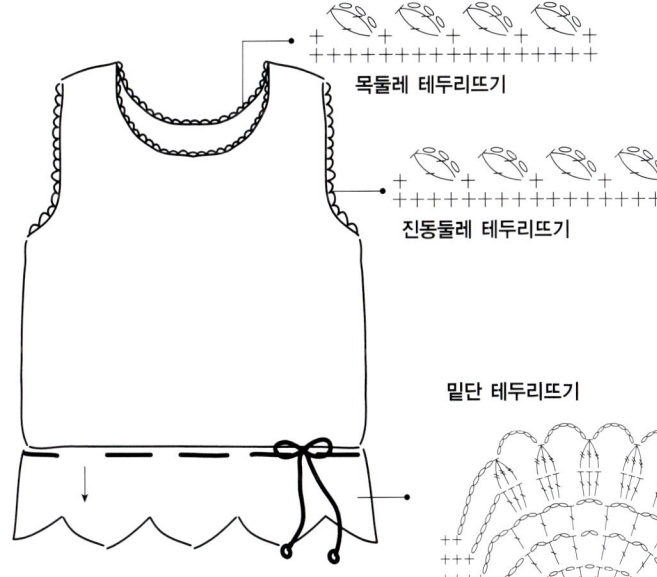

목둘레 테두리뜨기

진동둘레 테두리뜨기

밑단 테두리뜨기

섹 시 하 고
여 성 스 러 운
볼 레 로

Romantic feminine style

볼레로는 슬리브리스, 원피스, 란제리 등 대표적인 한여름 아이템들과 잘 어울릴 뿐 아니라 데님이나 화이트 팬츠와 매치해도 로맨틱하고 여성스러운 느낌을 만든다. 몸의 실루엣을 타고 흐르는 니트의 여유, 하늘하늘한 레이스와 성긴 짜임 등이 순수하고 도발적인 아름다움을 모두 가지고 있기 때문이다. 독특한 아이디어 도안으로 로맨틱한 분위기를 더하는 볼레로들을 만나 본다.

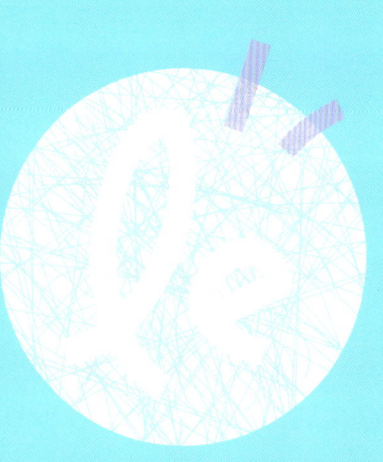

달콤한 슬리브리스 볼레로

과감한 캐미솔 네크라인으로 시원함을 더한 볼레로. 대바늘을 이용한 메리야스뜨기에
코바늘 한길 긴뜨기를 매치해 색다른 분위기를 만들어 낸다.

★**완성치수**
가슴둘레-80cm
옷길이-58cm

★**재료와 도구**
실
스위트사 자주색 250g
바늘
대바늘 3.5m, 코바늘 3/0호
기타
나무 고리 장식 2개

★**게이지**
20코 27단

사용한 뜨기부호

◯ 사슬뜨기
✛ 짧은뜨기
◲ 한길 긴뜨기
▮ 메리야스뜨기

달콤한 슬리브리스 볼레로

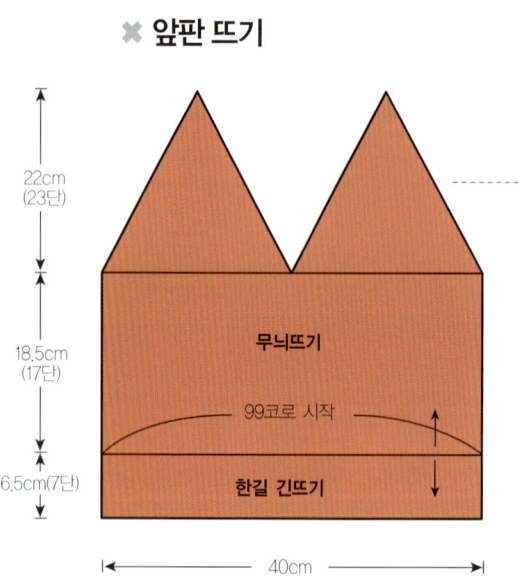

※ 앞판 뜨기

>> 앞판 윗부분 줄임

22cm
(23단)

18.5cm
(17단)

6.5cm(7단)

무늬뜨기

99코로 시작

한길 긴뜨기

40cm

☆ 앞판

❶ 자주색 스위트사로 3/0호 코바늘을
사용하여 사슬코 99코를 잡는다.

❷ 도안의 무늬뜨기로 17단을 뜬다.

❸ 49코를 시작코로 잡아 한길 긴뜨기로
도안과 같이 양쪽을 줄여 주면서 3코가
남을 때까지 떠 앞판 윗부분의 한쪽을
완성한다.

❹ 다른 한쪽도 49코를 잡아 같은 방법으로
뜬다.

❺ 처음 사슬 부분에서 99코를 잡아 한길
긴뜨기로 7단을 뜬다.

>> 무늬뜨기

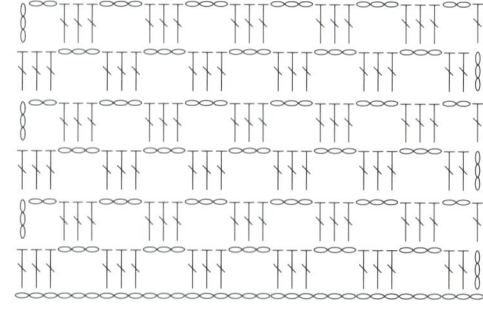

✖ 뒤판 뜨기

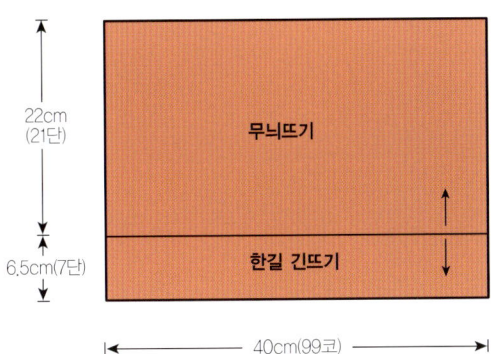

22cm
(21단)

무늬뜨기

6.5cm(7단)

한길 긴뜨기

40cm(99코)

★ 뒤판

1 자주색 스위트사로 3/0호 코바늘을 사용하여 사슬코 99코를 잡는다.
2 도안의 무늬뜨기로 21단을 뜬다.
3 처음 사슬 부분에서 99코를 잡아 한길 긴뜨기로 7단을 뜬다.

✖ 마무리하기

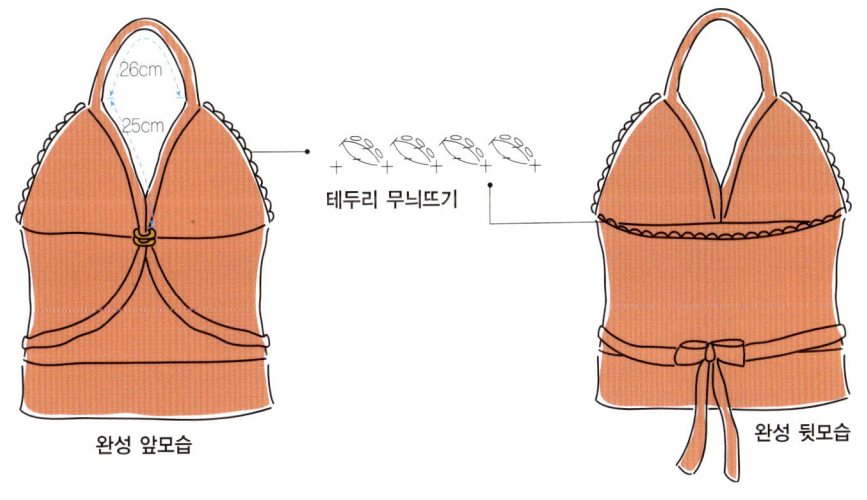

26cm

25cm

테두리 무늬뜨기

완성 앞모습

완성 뒷모습

★ 마무리

1 앞, 뒤판의 옆선을 짧은뜨기로 연결한다.
2 3.5mm 대바늘로 18코를 잡아 메리야스 뜨기로 730단을 떠서 끈을 만든다.
3 도안의 마무리 그림과 같이 26cm는 목둘레로 남겨 두고 앞판 윗부분의 안쪽을 25cm를 짧은뜨기로 연결한다.
4 진동둘레와 뒤판에 테두리 무늬뜨기를 뜬다.
5 앞판에 나무 고리 장식 2개를 꿰어 여민다.

〉〉끈 뜨기

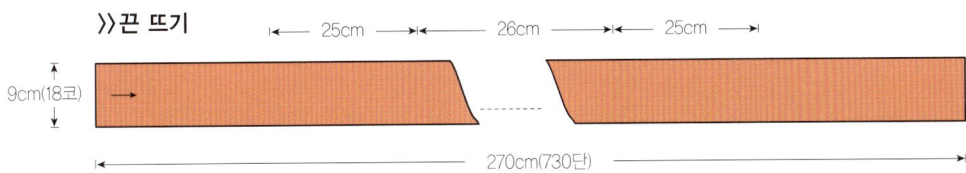

25cm   26cm   25cm

9cm(18코)

270cm(730단)

02 그린 칼라 썸머울 볼레로

고무뜨기로 경쾌한 스트라이프 패턴을 만들고, 귀여운 피코뜨기와 비즈 장식을 활용해
발랄한 느낌을 더했다. 소매가 거의 없어 톱 등 여름 상의에 겹쳐 입기 편하다.

★완성치수
가슴둘레－80cm
옷길이－44cm

★재료와 도구

실
썸머울 초록색 250g
바늘
대바늘 3.5mm, 코바늘 5/0호,
돗바늘
기타
비즈

★게이지
27코 30단

사용한 뜨기부호

✛	짧은뜨기	8ᵒ	피코뜨기
ꓺ	한길 긴뜨기	⋋	왼코 겹치기
⌐⌐⌐	1×1고무뜨기	⋎	왼코 늘리기
‖⎯⎯	2×2고무뜨기		

그린 칼라 썸머울 볼레로

썸머
cool knits
볼레로

✳ 몸판 뜨기

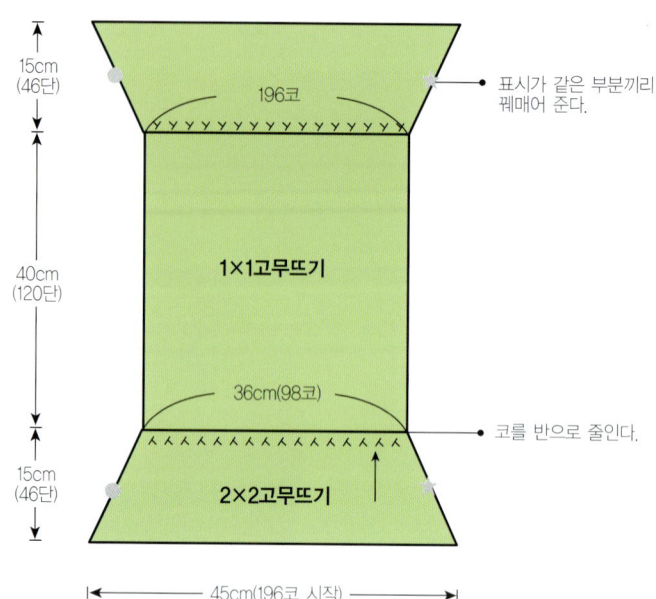

15cm
(46단)

196코

표시가 같은 부분끼리
꿰매어 준다.

40cm
(120단)

1×1고무뜨기

36cm(98코)

코를 반으로 줄인다.

15cm
(46단)

2×2고무뜨기

45cm(196코 시작)

⭐ 몸판

① 나중에 풀어낼 실로 3.5mm 대바늘을 사용하여
   일반코잡기로 196코를 잡는다.

② 초록색 썸머울 2겹으로 2×2고무뜨기로 46단을
   뜬다.

③ 코를 반으로 줄여 98코로 만들어 1×1고무뜨기로
   120단을 뜬다.

④ 다시 코를 배로 늘려 196코를 만든 다음
   2×2고무뜨기 46단을 뜬다.

⑤ 도안의 표시가 같은 부분끼리 돗바늘로 꿰매어
   연결한다.

✖ 마무리하기

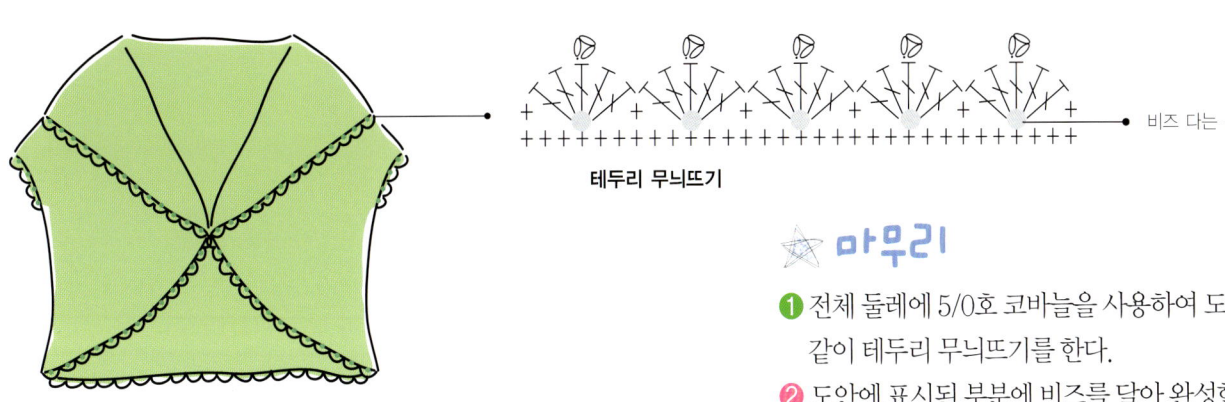

테두리 무늬뜨기

비즈 다는 위치

☆ 마무리

1️⃣ 전체 둘레에 5/0호 코바늘을 사용하여 도안과 같이 테두리 무늬뜨기를 한다.

2️⃣ 도안에 표시된 부분에 비즈를 달아 완성한다. 이때 칼라 부분은 반대로 단다.

알아 두세요

|코 줄이기 왼코 겹치기

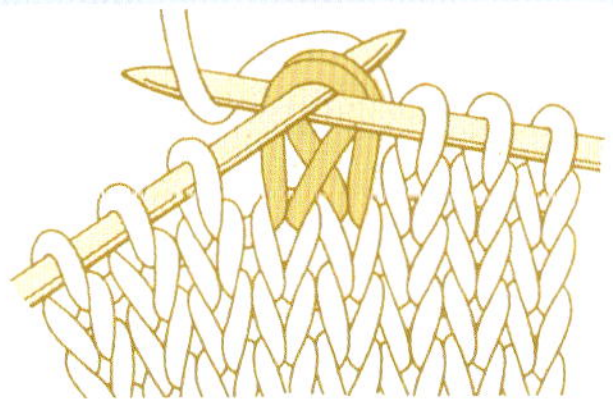

1 줄이는 코의 앞까지 뜨고 다음 2코를 한꺼번에 뜬다.

2 도중에 1코 줄이기가 완성된 모양.

|코 늘리기 왼코 늘리기

2단 밑의 코

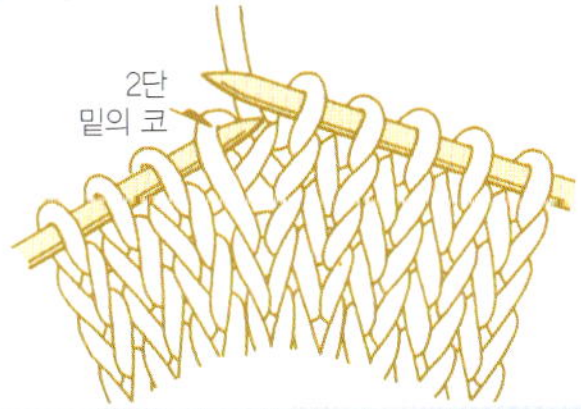

1 오른쪽 바늘에 걸린 코의 2단 밑에 있는 코에 왼쪽 바늘을 넣는다.

2 실을 넣어 겉뜨기를 한다.

1코 증가

3 1코가 늘어난 모양.

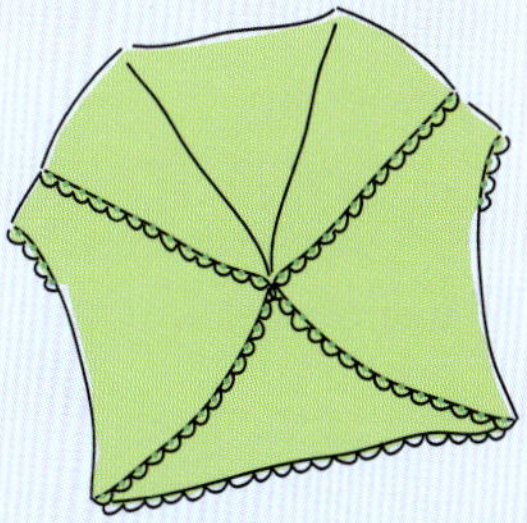

마들렌 레이스 볼레로

올의 짜임이 달콤하고 부드러운 과자 '마들렌' 의 모양을 닮은 세련된 볼레로. 한길 긴뜨기와
사슬뜨기만으로도 완성되며, 리본 장식을 달아 더욱 사랑스럽다.

★완성치수
가슴둘레−80cm
옷길이−42cm
소매길이−16cm

★재료와 도구
실
썸머울 파란색 200g
바늘
레이스 코바늘 2호
기타
파란색 리본

★게이지
5 1/2무늬 15단

사용한 뜨기부호
○ 사슬뜨기
+ 짧은뜨기
Ŧ 한길 긴뜨기

마들렌 레이스 볼레로

✖ 뒤판 뜨기

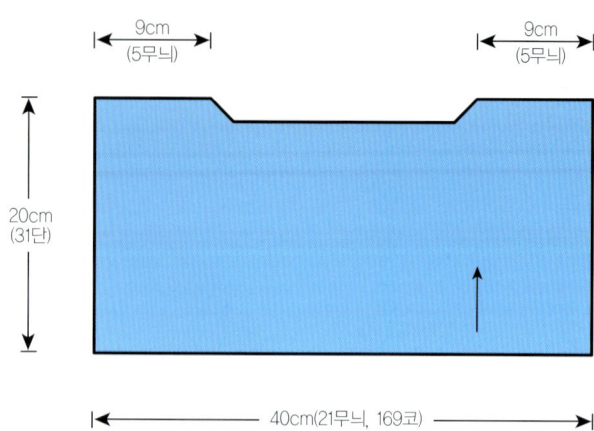

⭐ 뒤판

① 파란색 썸머울로 2호 레이스
   코바늘을 사용하여 사슬코 169코를 잡는다.

② 뒤판 무늬뜨기로 21무늬를 잡아 27단을 뜬 후
   도안과 같이 4단은 뒷목둘레 줄임을 한다.

〉〉뒤판 무늬뜨기

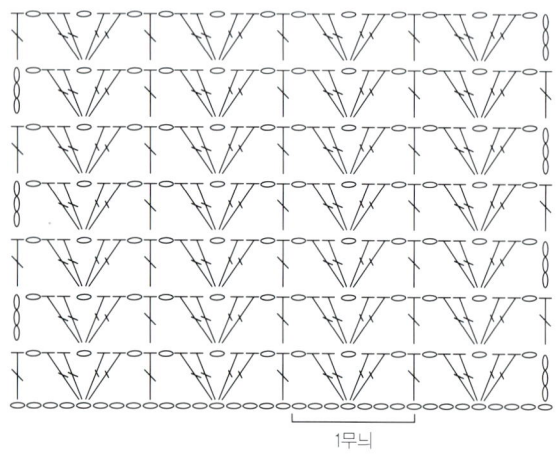

1무늬

〉〉뒷목둘레 줄임

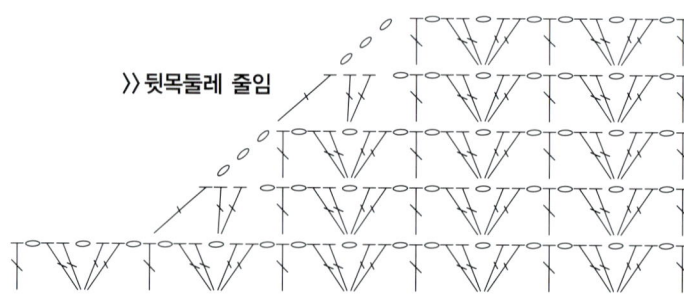

✖ 소매 뜨기

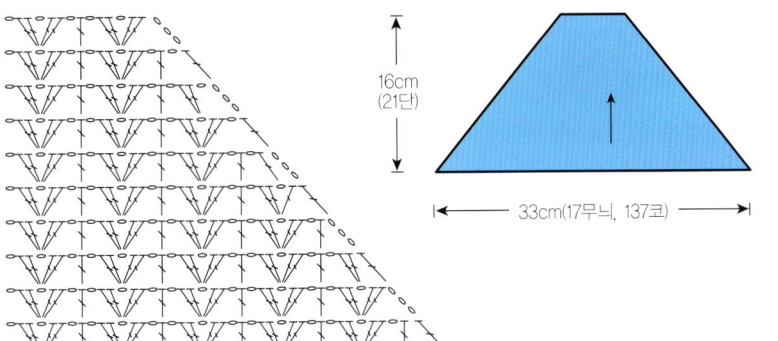

16cm
(21단)

33cm(17무늬, 137코)

✖ 마무리하기

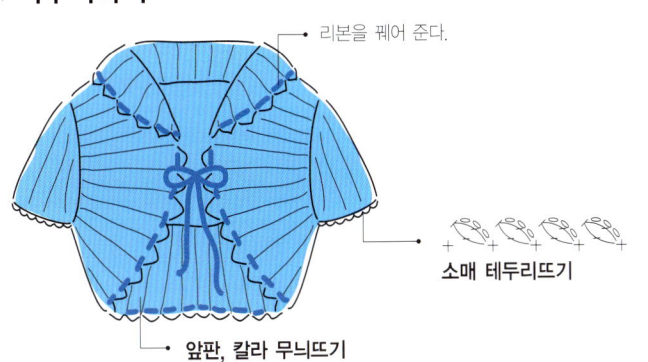

리본을 꿰어 준다.

소매 테두리뜨기

앞판, 칼라 무늬뜨기

☆ 소매

❶ 파란색 썸머울로 2호 레이스 코바늘을 사용하여
사슬코 137코를 잡는다.
❷ 소매 무늬뜨기로 17무늬를 잡아 도안과 같이
소매산 줄임을 하며 21단을 뜬다.
❸ 같은 방법으로 한 장을 더 뜬다.

≫ 앞판 칼라 무늬뜨기

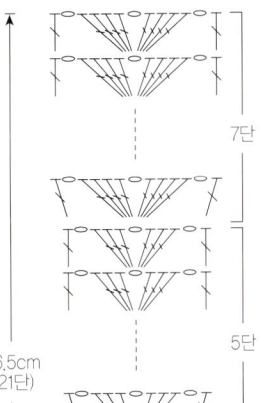

7단

5단

9단

16.5cm
(21단)

1무늬

☆ 마무리

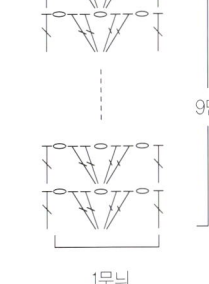

❶ 뒤판의 진동에 맞추어
소매의 소매산 한쪽 면만
짧은뜨기로 연결한다.
❷ 다른 한쪽도 같은 방법으로
연결한다.
❸ 뒷목둘레, 뒤판 밑단, 남은
양쪽 소매산에서 앞판 칼라
무늬뜨기로 60무늬를 잡아
21단을 뜬다.
❹ 소매는 테두리 무늬뜨기를
하여 완성한다.
❺ 파란색 리본으로 전체
둘레를 꿰어 주고 앞부분은
리본으로 장식한다.

04 핑크 메탈릭 볼레로

T자 모양의 도안으로 쉽게 떠 볼 수 있는 아이템. 보라복합색 메탈릭사로 등판과 밑단을 처리해 섹시하면서도 도발적인 분위기를 연출한다.

★ **완성치수**
가슴둘레 – 82cm
옷길이 – 55cm

★ **재료와 도구**

실
빔사 체크핑크색 250g,
메탈릭사 보라복합색 250g

바늘
대바늘 4mm, 코바늘 5/0호

기타
장식 핀 1개

★ **게이지**
23.5코 35단

사용한 뜨기부호

◯	사슬뜨기	❘	메리야스뜨기
✛	짧은뜨기	🕸	피코뜨기
ꔄ	한길 긴뜨기	▦	두길 긴뜨기
ꔅ	두길 긴뜨기		3코 구슬뜨기

핑크 메탈릭 볼레로

❈ **몸판 뜨기**

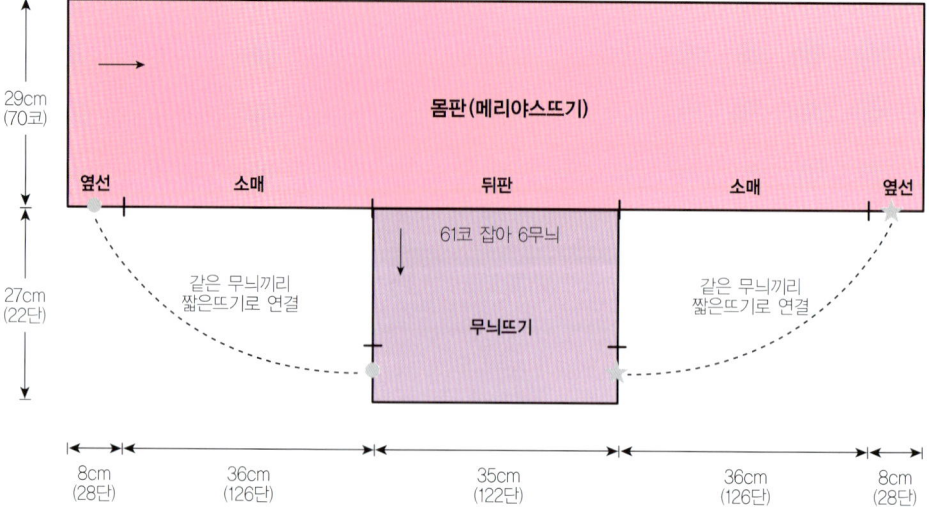

29cm
(70코)

27cm
(22단)

몸판(메리야스뜨기)

옆선　　　소매　　　　　뒤판　　　　소매　　　옆선

61코 잡아 6무늬

같은 무늬끼리
짧은뜨기로 연결

무늬뜨기

같은 무늬끼리
짧은뜨기로 연결

8cm
(28단)

36cm
(126단)

35cm
(122단)

36cm
(126단)

8cm
(28단)

⭐ 몸판

① 체리핑크색 빔사 2겹으로
　 4mm 대바늘을 사용하여
　 일반코잡기로 70코를 잡는다.

② 메리야스뜨기로 430단을 뜬다.

③ 도안에 표시된 뒤판 부분에서
　 보라복합색 메탈릭사로 5/0호
　 코바늘을 사용하여 61코를
　 잡는다. 뒤판 무늬뜨기로
　 22단을 뜬다.

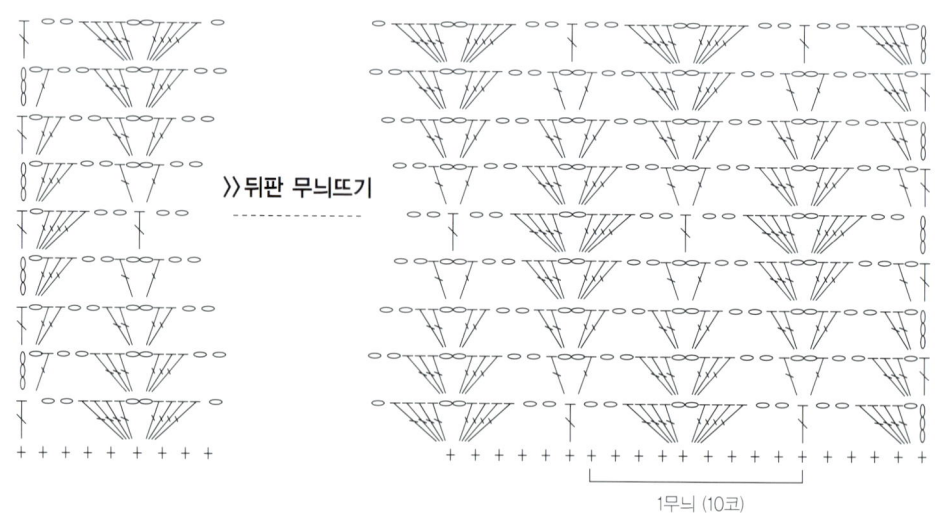

≫ 뒤판 무늬뜨기

1무늬 (10코)

〉〉앞단, 밑단 테두리 무늬뜨기

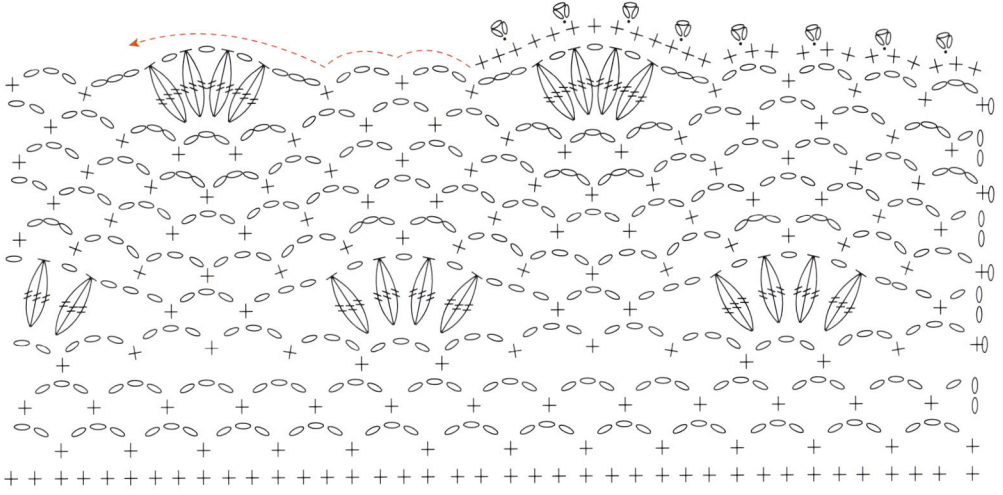

소매 테두리
무늬뜨기

✖ 마무리하기

짧은뜨기 한 단 후
소매 테두리 무늬뜨기

브로치로
여며 준다.

밑단 테두리
무늬뜨기

앞단 테두리
무늬뜨기

⭐ 마무리

❶ 도안에 표시된 같은 무늬들을 짧은뜨기로
연결한다.

❷ 밑단을 테두리 무늬뜨기로 뜬다.

❸ 앞단을 테두리 무늬뜨기로 뜬다.

❹ 소매 부분은 짧은뜨기로 한 단을 뜬 후 소매
테두리 무늬뜨기를 한다.

❺ 장식 핀에 보라복합색 메탈릭사를 여러 번 감아
브로치를 만들어 앞섶에 달아 준다.

 엘레강스 카디건 볼레로

메리야스뜨기로 몸판을, 한길 긴뜨기로 몸판과 소매를 달아 우아한 스타일의 카디건형 볼레로가 되었다. 이너로 여성스러운 니트를 입고 긴 목걸이를 매치하면 더욱 멋스럽다.

★완성치수
가슴둘레 – 84cm
옷길이 – 49cm
소매길이 – 69cm

★재료와 도구
실
스위트사 밤색 350g
바늘
대바늘 3.5mm, 코바늘 3/0호,
돗바늘

★게이지
27코 34단

사용한 뜨기부호

⭕ 사슬뜨기
✚ 짧은뜨기
🎱 피코뜨기
🇹 한길 긴뜨기
❘ 메리야스뜨기

엘레강스 카디건 볼레로

⭐ 뒤판

① 밤색 스위트사로 3.5mm 대바늘을 사용하여
   일반코잡기로 111코를 잡는다.

② 메리야스뜨기로 82단을 뜬 후 3코마다 1코씩을
   처음 코 잡은 곳까지 풀어 준다.

③ 남은 코는 코막음을 한다.

✳ 뒤판 뜨기

```
24cm
(82단)         메리야스뜨기  ↑

        40cm
        (111코)
```

>>무늬뜨기

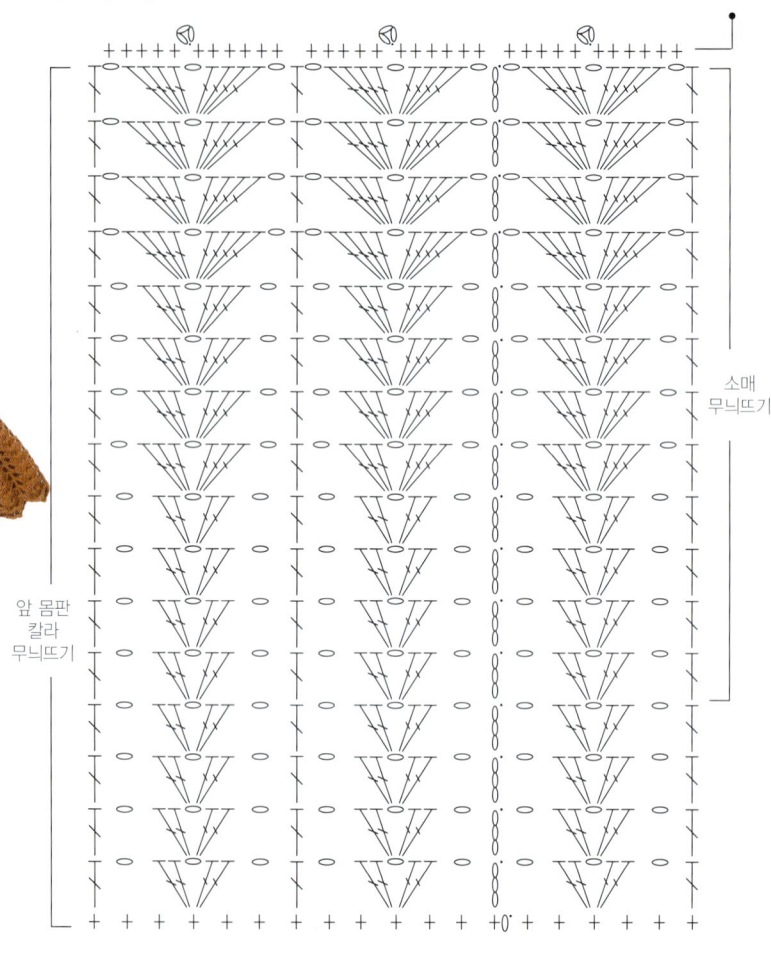

❋ 소매 뜨기

7코 코막음

24cm
(82단)

⊖38   4-1-3
        2-1-35

32cm
(108단)

메리야스뜨기

⊕8   12단평
       12-1-8

67코로 시작

13cm
(12단)

소매 무늬뜨기

|← 34cm(10무늬) →|

❋ 마무리하기

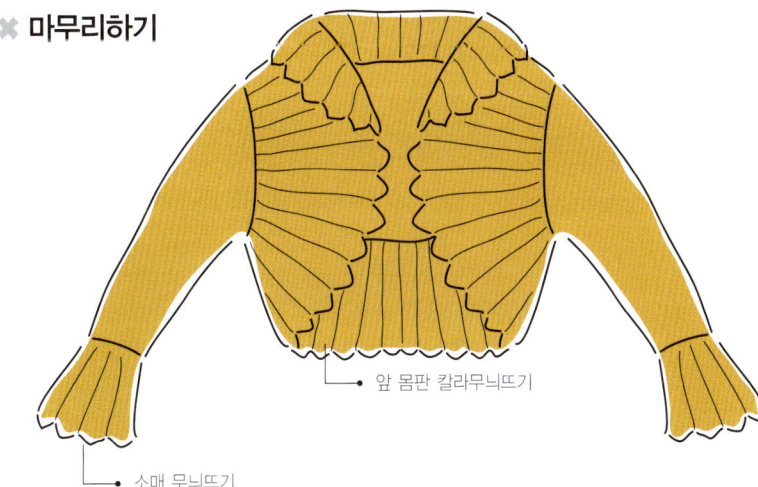

소매 무늬뜨기

앞 몸판 칼라무늬뜨기

✦ 소매

❶ 밤색 스위트사로 3.5mm를 사용하여
   일반코잡기로 67코를 잡는다.

❷ 도안과 같이 양 옆선을 8코씩 늘리고 12단을 더
   뜬다. 이때 늘리면서 뒤판과 같은 방법으로
   3코마다 1코씩 풀어 주면서 뜬다.

❸ 소매산은 도안과 같이 양옆을 38코 줄인 다음
   남은 7코는 코막음한다.

❹ 같은 방법으로 한 장을 더 뜬다.

❺ 소매의 옆선을 이어 원통형으로 만든다.

✦ 마무리

❶ 소매진동의 한쪽 면을 돗바늘로 뒤판과 연결한다.
   다른 한쪽도 같은 방법으로 연결한다.

❷ 뒤판의 아래, 위 부분, 소매의 나머지 부분에서
   코를 잡아 도안의 무늬뜨기로 16단을 둘레뜨기
   한다.

❸ 전체 테두리 무늬뜨기를 한다.

❹ 소매도 도안과 같이 무늬뜨기로 12단을 둘레뜨기
   한 후 테두리뜨기를 한다.

❺ 다른 한쪽으로 같은 방법으로 뜬다.

버터플라이 프릴 숄 볼레로

찰랑거리는 느낌이 좋은 가이아사와 바운드사를 이용, 몸을 타고 부드럽게 흐르는 숄 타입의 볼레로. 여름 유행색인 검정색과 회색의 조합이 더욱 세련된 느낌을 만든다.

★재료와 도구

실
가이아사 검정색 80g,
가이아사 회색복합색 80g,
바운드사 검정색 90g
바늘
대바늘 6mm, 코바늘 5/0호

★게이지

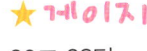

20코 28단

★완성치수
가슴둘레-80cm
옷길이-37cm

사용한 뜨기부호

⊤⊤ 가터뜨기	＋ 짧은뜨기
⏐─⏐─ 1×1고무뜨기	⊤ 한길 긴뜨기
⏐⏐── 2×2고무뜨기	∨ 걸러뜨기
⋏ 왼코 겹치기	
○ 사슬뜨기	

버터플라이 프릴 숄 볼레로

✖ 몸판 뜨기

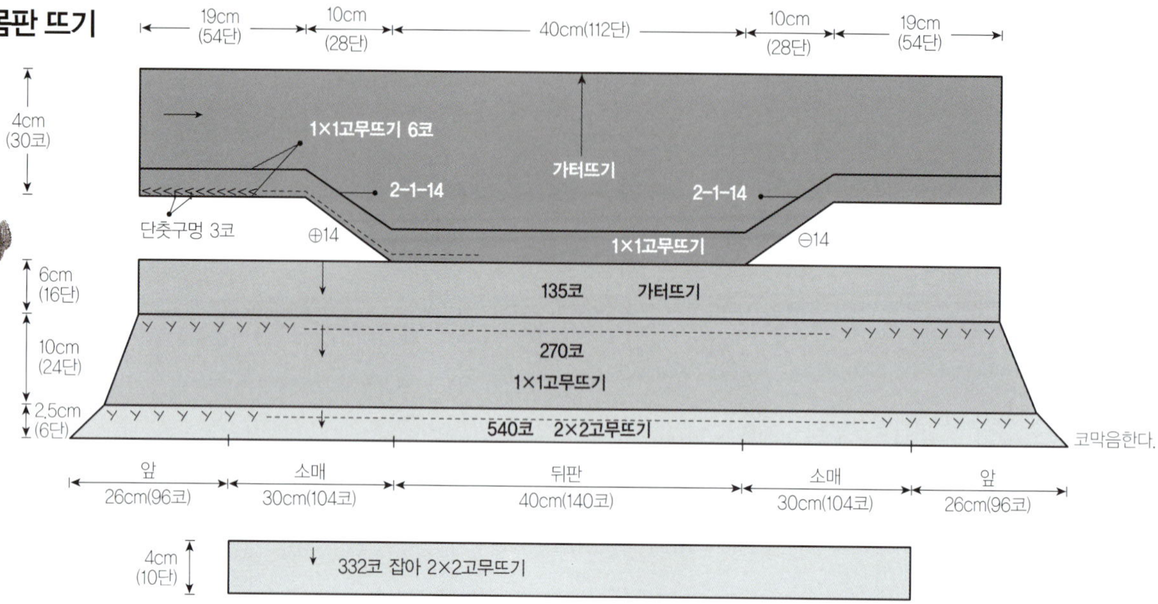

```
19cm        10cm           40cm(112단)            10cm        19cm
(54단)     (28단)                                (28단)     (54단)
```

4cm
(30코)

1×1고무뜨기 6코

2-1-14

가터뜨기

2-1-14

단춧구멍 3코   ⊕14   1×1고무뜨기   ⊖14

6cm
(16단)

135코   가터뜨기

10cm
(24단)

270코
1×1고무뜨기

2.5cm
(6단)

540코   2×2고무뜨기   코막음한다.

```
앞             소매            뒤판            소매            앞
26cm(96코)   30cm(104코)   40cm(140코)   30cm(104코)   26cm(96코)
```

4cm
(10단)

↓ 332코 잡아 2×2고무뜨기

✦ 몸판

❶ 검정색 바운드사 1겹과 검정색 가이아사 1겹을 합사하여
6mm대바늘을 사용하여 일반 코잡기로 30코를 잡는다.

❷ 도안과 같이 6코를 1×1고무뜨기로 뜨고 남은 24코는
가터뜨기로 뜬다. 이때 고무뜨기 부분은 걸러뜨기를 한다.

❸ 54단을 뜬 다음 14코를 늘려 주고, 112단을 더 뜬 다음 다시
14코를 줄이고 54단을 뜬 후 코막음한다.

❹ 검정색 가이아사 1겹과 회색복합색 가이아사 1겹을
합사하여 걸러뜨기한 부분에서 135코를 잡는다. 표시된
단춧구멍 부분 3코를 빼고 잡는다.

❺ 135코를 잡아서 가터뜨기로 16단을 뜬다.

❻ 135코에서 코를 배로 늘려 270코를 만들어
1×1고무뜨기로 24단을 뜬다.

❼ 실을 회색복합색 가이아사 2겹으로 바꾸고, 코는 270코를
두 배로 늘려 540코로 만들어 2×2고무뜨기를 한다. 6단을
뜬 후 코막음한다.

❽ 도안과 같이 앞, 소매, 뒤, 소매, 앞을 나눈 뒤 소매 부분을
제외한 코, 332코를 잡아 2×2고무뜨기로 10단을 뜬 후
코막음한다.

>>끈 뜨기

(12cm)

❌ 마무리하기

소매, 밑단 테두리뜨기

앞단 뜨기

⭐ 마무리

1. 단춧구멍으로 비워 둔 3코를 회색복합색 가이아사로 5/0호 코바늘을 사용하여 짧은뜨기 1단을 한다.

2. 양쪽 앞단을 앞단뜨기로 뜬다.

3. 소매와 밑단을 테무리 무늬뜨기로 뜬다.

4. 도안과 같이 회색복합색 가이아사 2겹으로 끈을 2개 뜬다.

5. 만들어 놓은 끈을 앞쪽에 달아 주어 완성한다.

알아 두세요

가로 단춧구멍 만들기

걸러뜨기

1 단춧구멍의 위치까지 뜨고, 1코째는 그냥 옮기고, 다음 코를 떠서 1코째를 덮어 씌운다.

왼코 겹치기

2 단춧구멍의 코 수를 덮어 씌우기로 막음하고, 마지막 1코는 왼코 겹치기로 뜬다.

감는 코

3 다음 단에서 단춧구멍의 코 수를 감아서 코를 만든다.

완성된 모습

07 인디핑크 샤이닝 볼레로

대바늘 뜨기 기법인 메리야스뜨기와 걸러뜨기를 이용하여 무늬뜨기를 완성한 우아한 페미닌 룩.
여성스러운 스커트뿐 아니라 캐주얼한 옷차림에도 자연스럽게 어울린다.

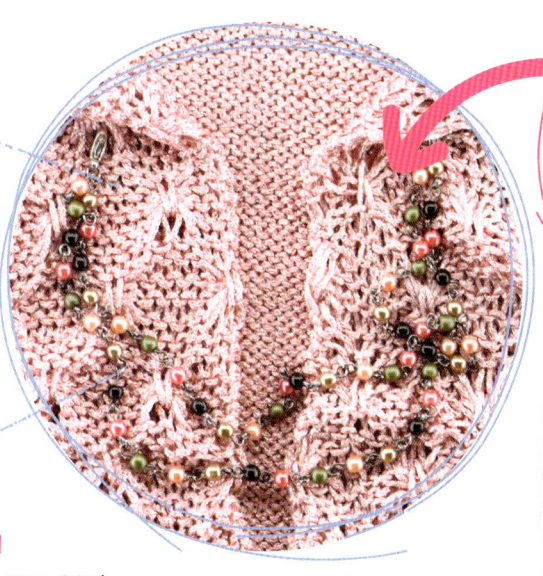

★완성치수
가슴둘레─90cm
옷길이─55cm
소매길이─13cm

★재료와 도구
실
체인지사 인디핑크색 280g
바늘
대바늘 3mm, 대바늘 5mm,
코바늘 3/0호, 돗바늘
기타
비즈 장식

★게이지
메리야스뜨기 28코 88단
무늬뜨기 16코 26단

사용한 뜨기부호
Ⅰ	메리야스뜨기
⅄	왼코 겹치기
⅄	오른코 겹치기
∩	끌어올리기
⋈	되돌아짧은뜨기

인디핑크 샤이닝 볼레로

✖ 뒤판 뜨기

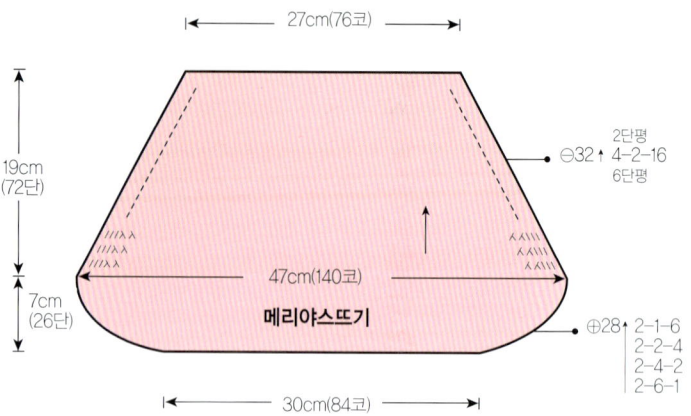

27cm(76코)

19cm
(72단)

7cm
(26단)

2단평
⊖32 ↑ 4-2-16
6단평

47cm(140코)
메리야스뜨기

⊕28 2-1-6
2-2-4
2-4-2
2-6-1

30cm(84코)

✖ 소매 뜨기

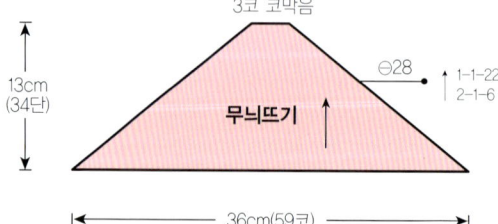

3코 코막음

13cm
(34단)

⊖28 1-1-22
2-1-6

무늬뜨기

36cm(59코)

⭐ 뒤판

❶ 인디핑크색 체인지사로 3mm 대바늘을 사용하여
일반코잡기로 84코를 잡는다.

❷ 양 옆선을 도안과 같이 28코를 늘리면서
메리야스뜨기로 26단을 뜬다.

❸ 6단을 더 뜬 다음 도안과 같이 32코씩 양쪽 진동을
줄이면서 66단을 뜬다.

❹ 남은 76코는 코막음한다.

⭐ 소매

❶ 인디핑크색 체인지사로 5mm 대바늘을 사용하여
일반코잡기로 59코를 잡는다.

❷ 양옆 소매산을 28코씩 줄이면서 무늬뜨기를 한다.

❸ 남은 3코는 코막음을 한다.

❹ 같은 방법으로 한 장을 더 뜬다.

✖ 칼라 및 앞판 뜨기

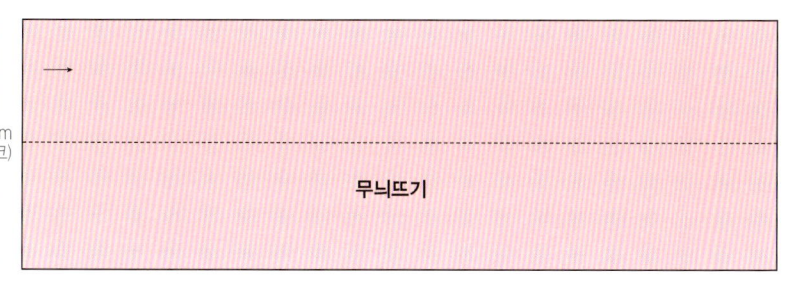

46cm
(75코)

무늬뜨기

143cm (372단)

》무늬뜨기

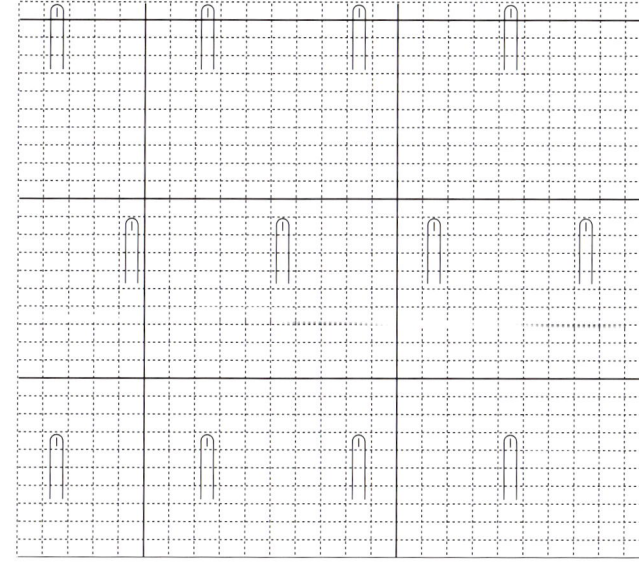

□ = □

⭐ 칼라 및 앞판

① 나중에 풀어낼 실로 75코를 잡는다.

② 인디핑크색 체인지사로 5mm 대바늘을 사용하여
무늬뜨기로 372단을 뜬다.

③ 남은 코는 바늘에 걸어 둔다.

④ 풀어낼 실을 풀어내고 양 끝을 맞대어 메리야스
잇기로 이어 주어 원통형으로 만든다.

⭐ 마무리

① 뒤판 진동의 소매 한쪽 소매산만 잘 맞추어
돗바늘로 연결한다.

② 다른 한쪽도 같은 방법으로 연결한다.

③ 원형으로 만들어 놓은 앞판을 반을 접어 2겹을
만든 다음, 뒤판의 목 부분, 양쪽 소매, 뒤판의
밑단에 맞추어 돗바늘로 꿰매어 연결한다.

④ 앞섶에 비즈 장식을 달아 완성한다.

✖ 마무리하기

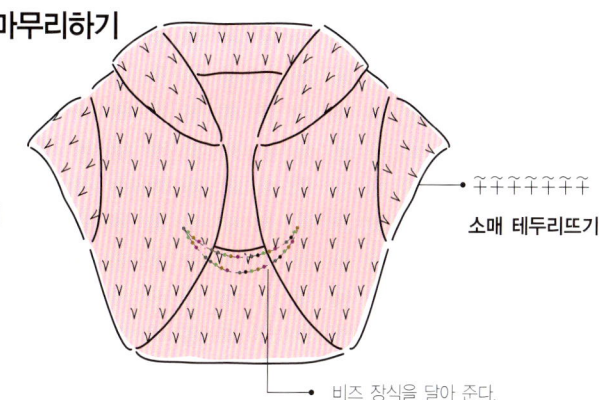

소매 테두리뜨기

비즈 장식을 달아 준다.

물결무늬 짜임의 레이스 볼레로

물결무늬가 시원하면서도 화려해 보이지만 사슬뜨기, 한길 긴뜨기, 짧은뜨기만을 사용한 초보자들을 위한 아이템. 몸판 도안도 단순한 직사각형이다.

★완성치수
가슴둘레 – 84cm
옷길이 – 47cm

★재료와 도구
실
썸머울 자주색 250g
바늘
레이스 코바늘 2호
기타
비즈 장식

★게이지
2무늬 13단

사용한 뜨기부호

○	사슬뜨기
+	짧은뜨기
⊤	한길 긴뜨기
⋏	한길 긴뜨기 2코 모아뜨기

물결무늬 짜임의 레이스 볼레로

⭐ 몸판

1 자주색 썸머울로 2호 레이스 코바늘을 사용하여 사슬뜨기로 160코를 잡아 원형으로 만든다.

2 도안의 무늬뜨기로 8무늬를 만들어 원형뜨기로 49단을 뜬다.

3 50단부터는 4무늬씩 나누어 71단을 일자로 뜬다.

4 다시 8무늬를 합쳐 원형뜨기로 49단을 뜬다.

⭐ 마무리

1 양 끝 손목둘레는 도안과 같이 사슬 부분에서만 짧은뜨기를 떠 코를 줄여 잡아 손목둘레 무늬뜨기를 한다. 손목둘레 테두리뜨기로 마무리한다.

2 목둘레 전체는 목둘레 테두리 무늬뜨기로 뜬다.

3 앞 여밈 부분에 비즈 장식을 달아 완성한다.

✖ **몸판 뜨기**

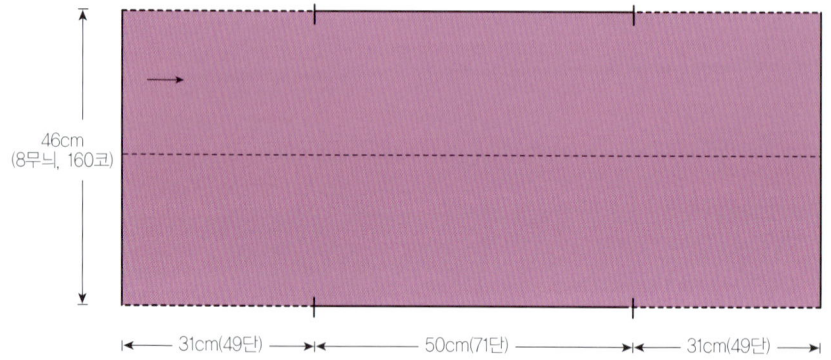

46cm
(8무늬, 160코)

31cm(49단)   50cm(71단)   31cm(49단)

✖ **마무리하기**

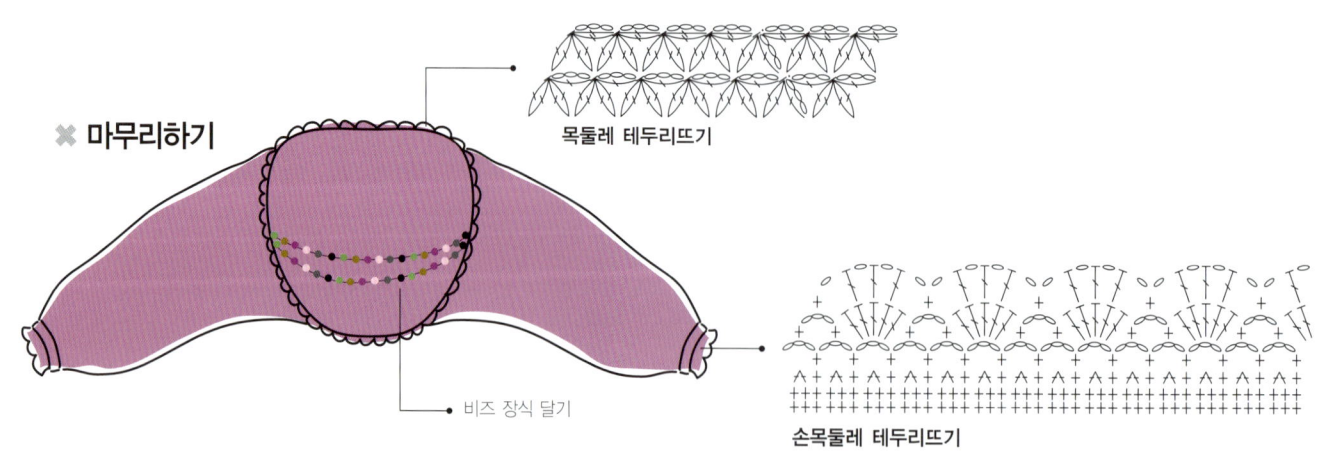

목둘레 테두리뜨기

비즈 장식 달기

손목둘레 테두리뜨기

》》몸판 무늬뜨기

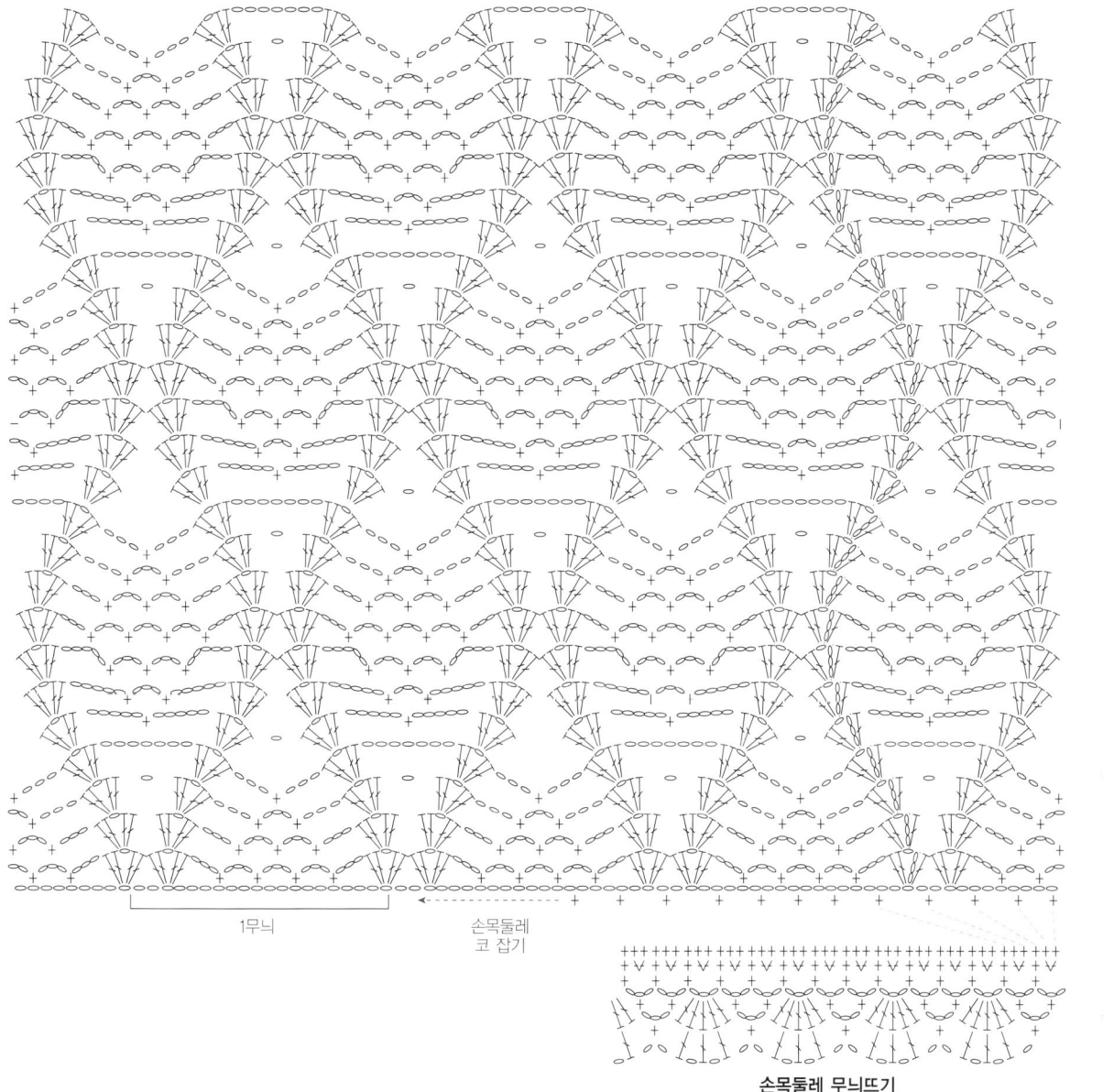

1무늬

손목둘레
코 잡기

손목둘레 무늬뜨기

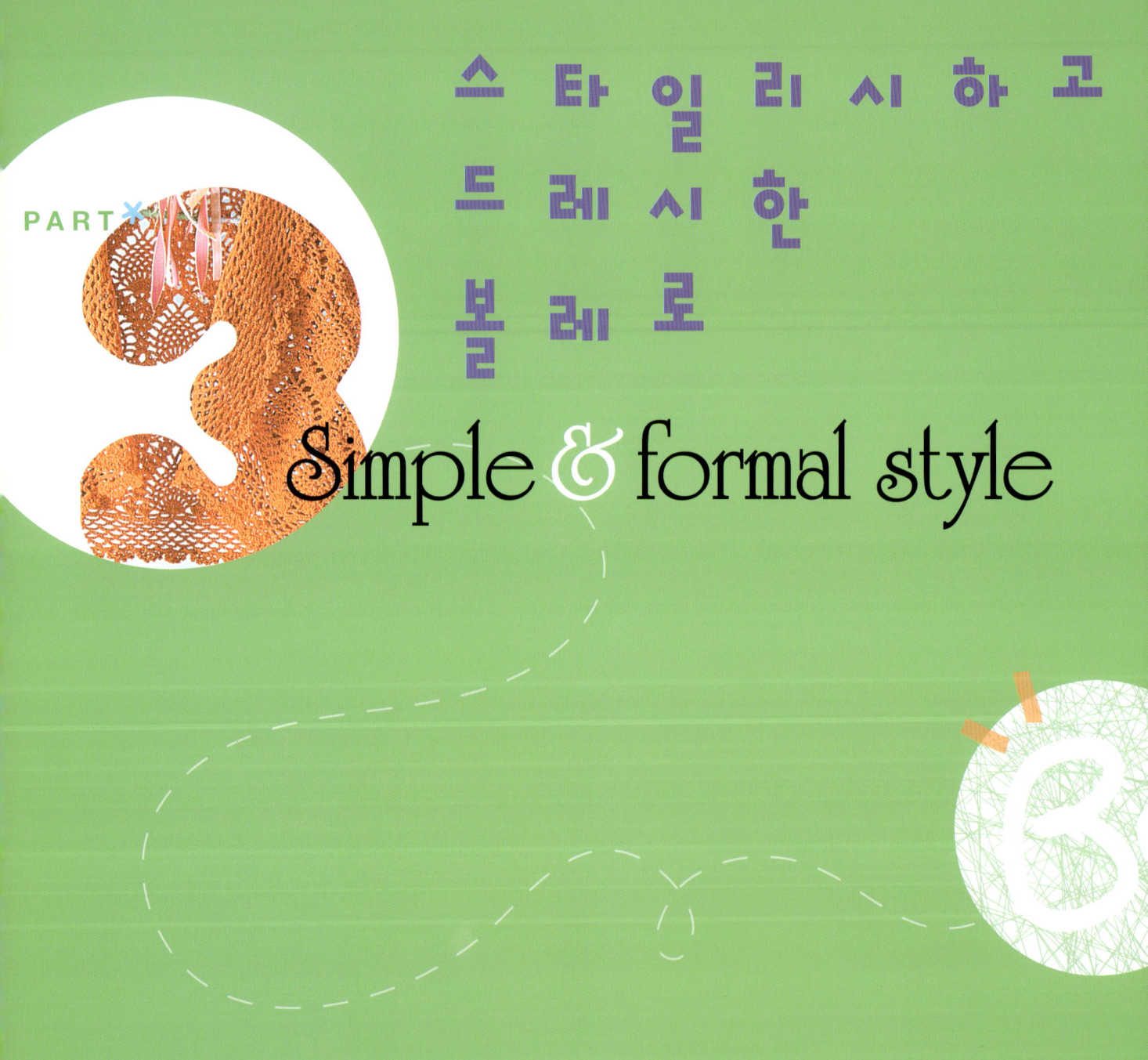

PART 3

스타일리시하고
드레시한
볼레로

Simple & formal style

니트에 대한 편견 두 가지.
니트는 보온성이 있기 때문에, 가을·겨울 아이템이다?
니트는 딱 떨어지는 단정한 스타일로는
적당하지 않다? part3에 소개하는 볼레로는
이런 편견들을 보기 좋게 깨고
원피스, 7부 팬츠, 블라우스와 함께 입어 세련되고
깔끔한 세미 정장 분위기를 연출한다.
상식을 깬 스타일리시 여름 볼레로 몇 가지.

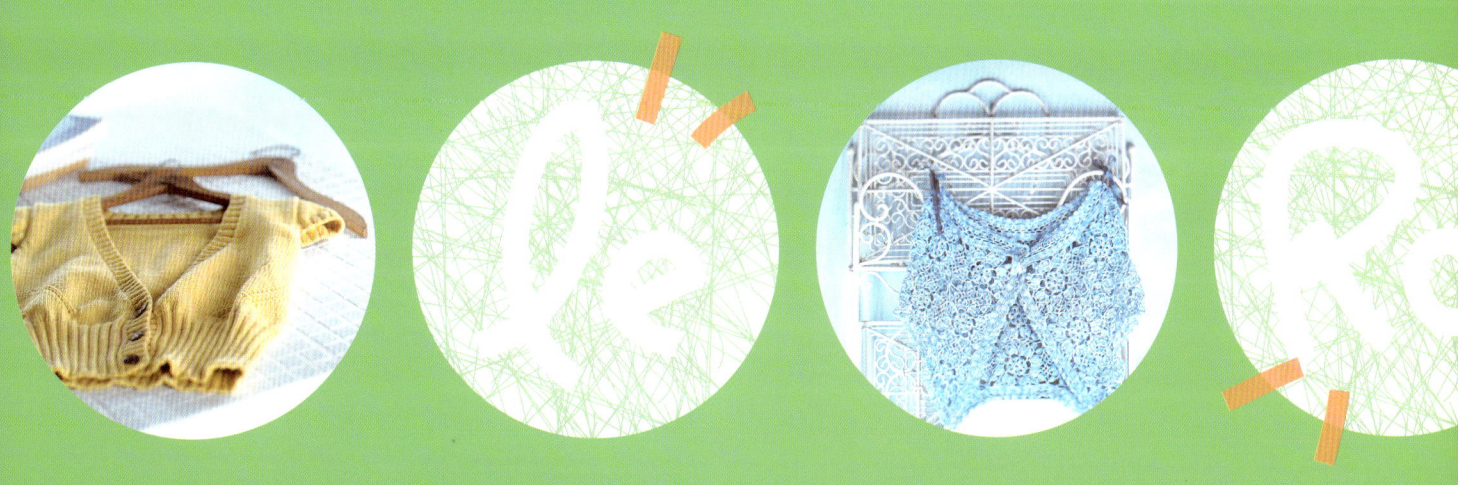

01 모티브 미니 숄 볼레로

어깨가 살짝 드러나는 숄 형태의 볼레로. 여러 개의 꽃 모양 모티브를 연결하여 손쉽게 완성할 수 있다. 모티브를 볼레로 모양으로 연결한 다음 소매, 단, 진동은 따로 처리한다.

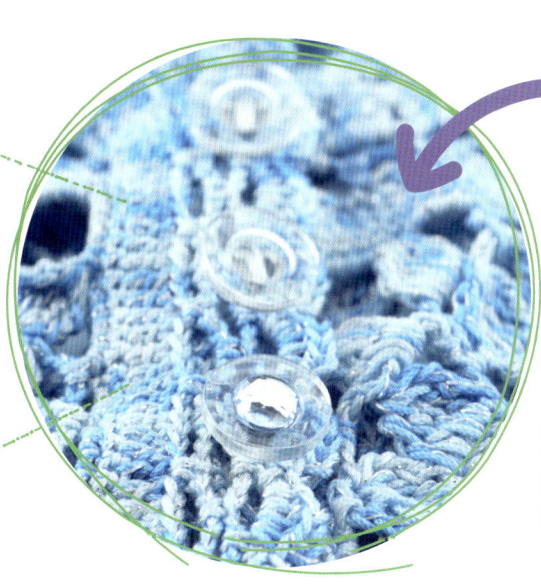

★ 완성치수
가슴둘레 - 80cm
옷길이 - 42cm

★ 재료와 도구
실
플로라사 하늘복합색 150g,
메탈사 은색 20g
바늘
코바늘 2/0호
기타
큐빅단추 3개

사용한 뜨기부호
- 한길 긴뜨기
- 짧은뜨기
- 사슬뜨기
- 두길 긴뜨기
- 빼뜨기

모티브 미니 숄 볼레로

✹ 몸판

❶ 하늘복합색 플로라사 1겹과 은색 메탈사 1겹을
합사하여 2/0호 코바늘을 사용하여 도안과 같이
모티브를 뜬다.

❷ 도안과 같이 모티브를 뜨면서 짧은뜨기로
연결한다.

✖ 몸판 뜨기

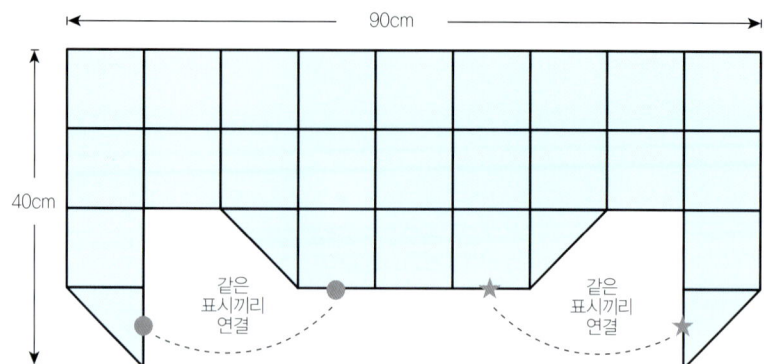

>> 모티브 잇기

≫ 모티브 뜨기

마무리

❶ 모티브를 연결한 뒤 도안의 같은 표시 부분끼리 연결한다.

❷ 목둘레단 뜨기로 목둘레를 뜬다.

❸ 밑단 뜨기로 밑단둘레를 뜬다.

❹ 진동둘레 뜨기로 진동을 뜬다.

❺ 앞섶에 큐빅단추를 달아 완성한다.

 마무리하기

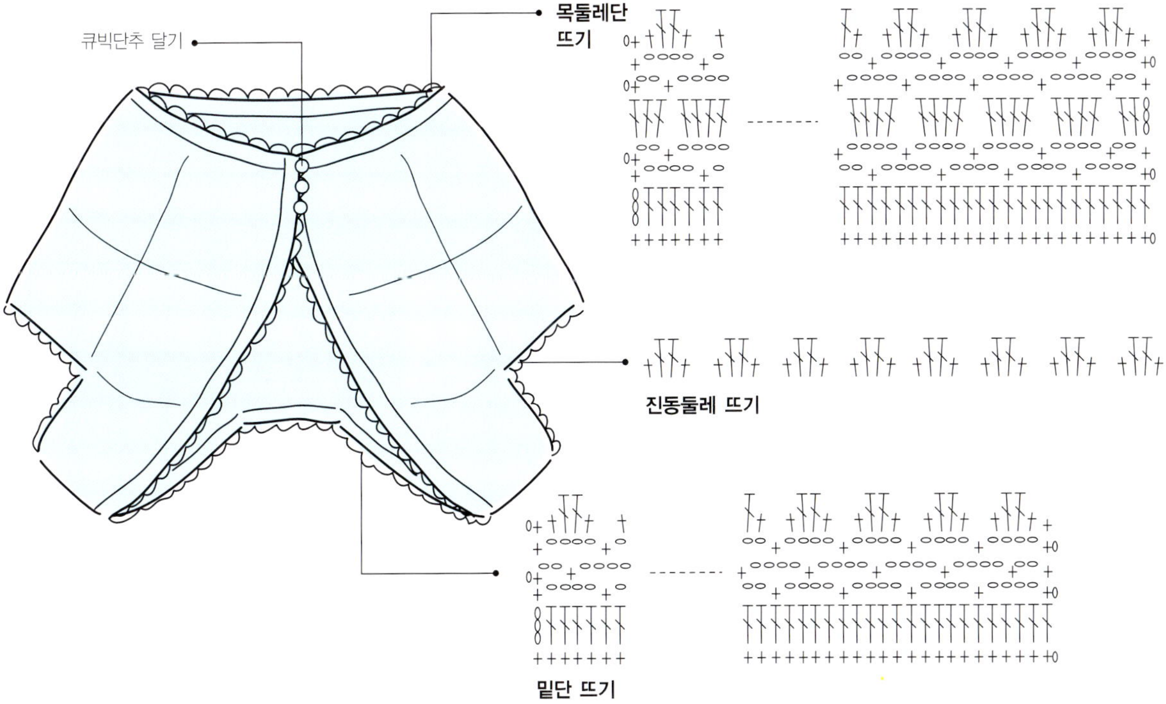

큐빅단추 달기 ●

목둘레단
뜨기 ●

진동둘레 뜨기

밑단 뜨기

로맨틱 쇼트 카디건

코튼이 60% 정도 들어 있는 하이소프트사를 이용하여 입었을 때 포근한 느낌을 준다.
톱이나 슬리브리스 위에 입으면 단정한 분위기를 연출할 수 있다.

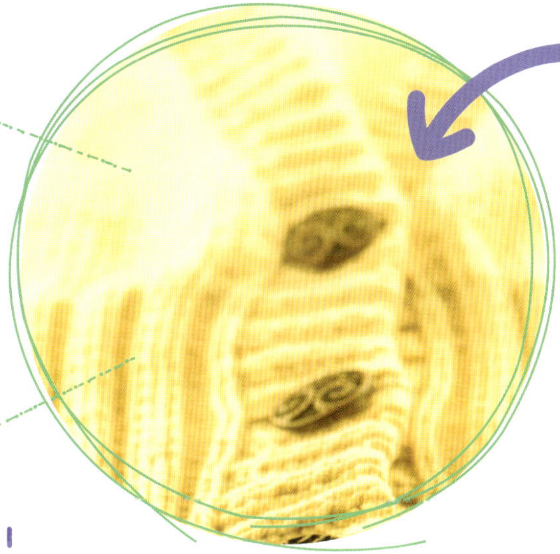

★ **완성치수**
가슴둘레―80cm
옷길이―37cm

★ **재료와 도구**

실
하이소프트사 겨자색 200g
바늘
대바늘 3mm, 대바늘 3.5mm,
돗바늘
기타
단추 3개

★ **게이지**
24.5코 34단

사용한 뜨기부호

∩ 끌어올리기   ⅄ 오른코 겹치기
‖—— 2×2고무뜨기   ○ 바늘비우기
| 메리야스뜨기
ㅅ 왼코 겹치기

로맨틱 쇼트 카디건

✖ 뒤판 뜨기

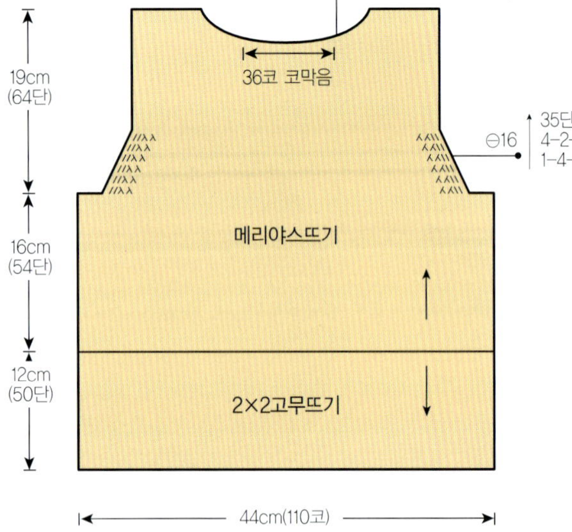

19코

19코

⊖2
1단평
1-1-1
2-1-1

36코 코막음

19cm
(64단)

⊖16
35단평
4-2-6
1-4-1

16cm
(54단)

메리야스뜨기

12cm
(50단)

2×2고무뜨기

44cm(110코)

✖ 앞판 뜨기

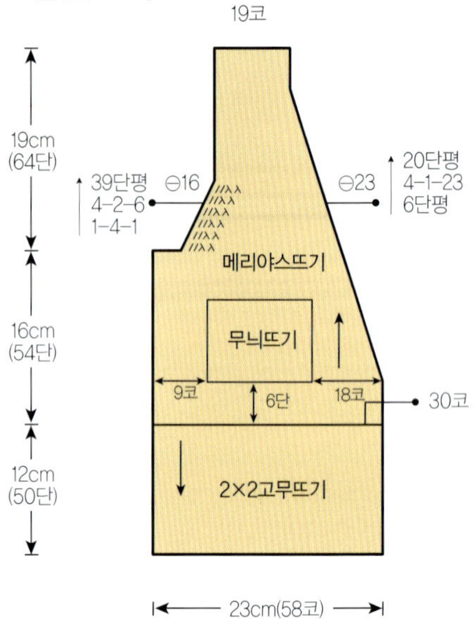

19코

19cm
(64단)

39단평
4-2-6
1-4-1
⊖16

⊖23
20단평
4-1-23
6단평

메리야스뜨기

무늬뜨기

16cm
(54단)

9코

6단

18코

30코

12cm
(50단)

2×2고무뜨기

23cm(58코)

✪ 뒤판

❶ 나중에 풀어낼 실로 일반코잡기로 56코를 잡는다.

❷ 겨자색 하이소프트사로 3mm 대바늘을 사용, 끌어올리기
   고무단으로 110코를 만들어 2×2고무뜨기로 50단을 뜬다.

❸ 3.5mm 대바늘로 바꾸어 메리야스뜨기로 54단을 뜬다.

❹ 양옆 진동은 4코씩 코막음을 하고 도안과 같이 16코씩을
   줄여 주고 35단을 더 뜬다.

❺ 어깨 코는 21코를 뜨고 뒤로 돌려 도안과 같이 코를 줄인
   다음 1단을 더 뜬다. 남은 코는 바늘에 걸어 둔다.

❻ 목둘레 첫 코에 새 실을 걸어 36코를 코막음하고 오른쪽과
   같은 방법으로 뒷목둘레를 줄인다. 남은 코는 바늘에 걸어
   둔다.

✪ 앞판

❶ 나중에 풀어낼 실로 일반코잡기로 30코를 잡는다.

❷ 겨자색 하이소프트사로 3mm 대바늘을 사용하여
   끌어올리기 고무단으로 58코를 만들어 2×2고무뜨기로
   50단을 뜬다.

❸ 3.5mm 대바늘로 바꾸어 메리야스뜨기로 6단을 뜬다.

❹ 도안과 같이 표시 부분을 무늬뜨기하고 나머지 부분은
   메리야스뜨기로 뜬다. 이때 앞목 줄임을 같이 한다.

❺ 진동은 도안과 같이 4코를 코막음하고 12코를 줄여 준 다음
   35단을 더 뜬다. 이때 앞목 줄임을 계속 같이 진행한다.

❻ 남은 코는 바늘에 걸어 둔다.

❼ 같은 방법으로 대칭이 되게 한 장을 더 뜬다.

✖ 소매 뜨기

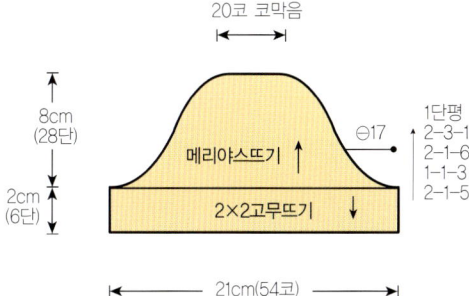

20코 코막음

8cm
(28단)

2cm
(6단)

메리야스뜨기 ↑

⊖17

1단평
2-3-1
2-1-6
1-1-3
2-1-5

2×2고무뜨기 ↓

21cm(54코)

≫ 무늬뜨기

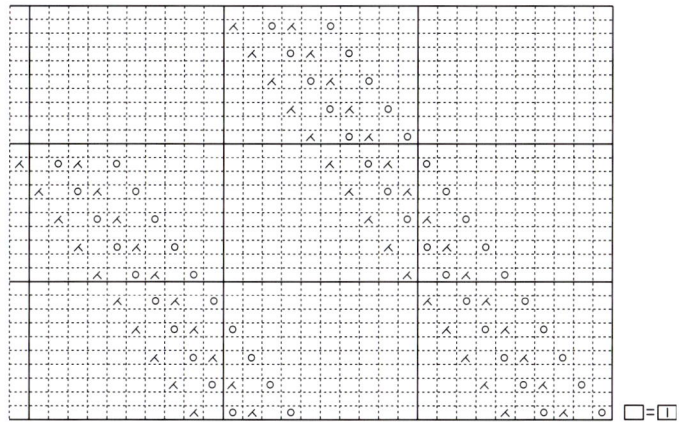

□=Ⅰ

✖ 마무리하기

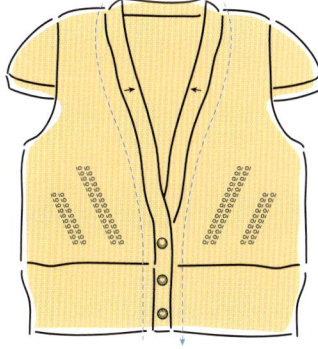

목둘레에서 362코 잡아 2×2고무뜨기로
10단 뜬 후 돗바늘로 마무리

≫ 단춧구멍 내기

2코
18코
2코
18코
2코
6코

★ 소 매

① 나중에 풀어낼 실로 일반 코잡기로 28코를
   잡는다.
② 겨자색 하이소프트사로 3mm 대바늘을 사용하여
   끌어올리기 고무단으로 54코를 만들어
   2×2고무뜨기로 6단을 뜬다.
③ 3.5mm 대바늘로 바꾸어 메리야스뜨기를 하면서
   양옆 소매산을 도안과 같이 17코씩 줄여 준다.
   남은 20코는 코막음한다.
④ 같은 방법으로 한 장을 더 뜬다.

★ 마무리

① 앞, 뒤판의 겉과 겉을 맞대고 코막음 방법으로
   어깨를 이어 준다.
② 앞, 뒤판의 옆선을 돗바늘로 꿰매어 연결한다.
③ 소매는 진동선에 잘 맞추어 돗바늘로 꿰매어
   연결한다.
④ 3mm 대바늘로 전체 목둘레에서 362코를 잡아
   2×2고무뜨기로 10단을 뜬 후 돗바늘로 마무리를
   한다. 이때 도안과 같이 단춧구멍을 내 주면서
   뜬다.
⑤ 단추를 달아 완성한다.

밤색 미니 볼레로

몸판을 떠가다가 코를 비워 소매를 만들고, 칼라는 완성된 몸판에 연결해서 다시 떠가는
방식이다. 다양한 코바늘뜨기 기법만으로 완성할 수 있다.

★ 재료와 도구

실
바운드사 밤색 150g
바늘
코바늘 3/0호
기타
나무비즈 9개, 베이지색 · 자주색
스웨이드 끈, 납작한 브로치 핀

★ 게이지
4무늬 10단

★ 완성치수
가슴둘레－80cm
옷길이－25cm

사용한 뜨기부호

◯	사슬뜨기
●	빼뜨기
下	한길 긴뜨기
延	피코뜨기
禿	걸어뜨기

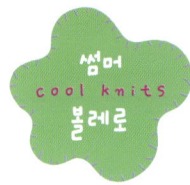

밤색 미니 볼레로

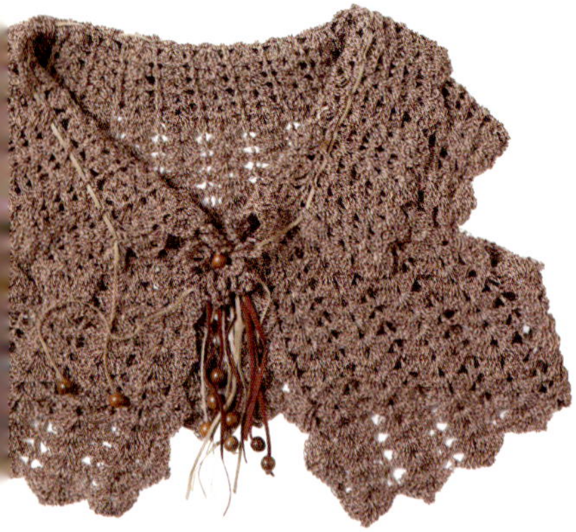

몸판 뜨기

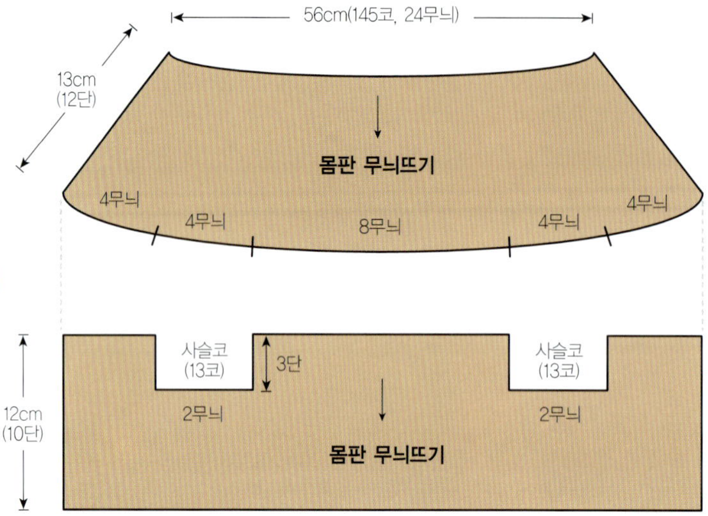
56cm(145코, 24무늬)
13cm (12단)
몸판 무늬뜨기
4무늬
4무늬
8무늬
4무늬
4무늬
사슬코 (13코)
3단
사슬코 (13코)
12cm (10단)
2무늬
2무늬
몸판 무늬뜨기

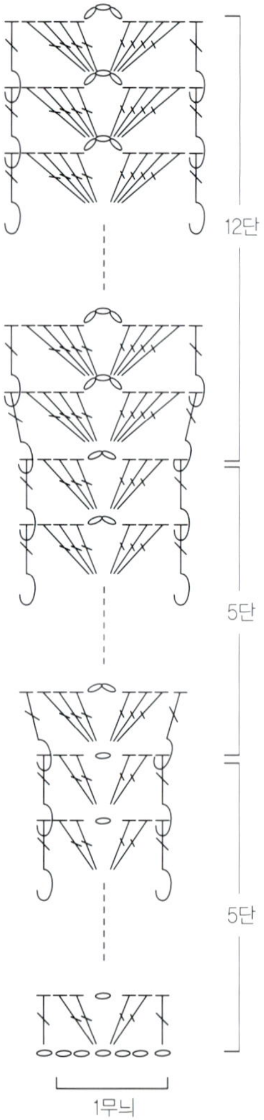
>>몸판 무늬뜨기
12단
5단
5단
1무늬

몸판

1. 밤색 바운드사로 3/0호 코바늘을 사용하여 사슬코 145코를 잡는다.
2. 몸판 무늬뜨기로 24무늬를 잡아 12단을 뜬다.
3. 앞판 4무늬만 잡아서 3단을 뜬 다음 사슬코 13코를 뜬다.
4. 소매 4무늬는 건너뛰고 새 실을 걸어 뒤판 8무늬만 잡아서 3단을 뜬 다음 사슬코 13코를 뜬다.
5. 다시 소매 4무늬는 건너뛰고 새 실을 걸어 앞판 4무늬만 잡아서 3단을 뜬다.
6. 처음 뜬 사슬코 13코를 뒤판에 빼뜨기로 연결하고 뒤판의 사슬코 13코는 앞판에 빼뜨기로 연결한다.
7. 앞판 4무늬, 소매 2무늬, 뒤판 8무늬, 소매 2무늬, 앞판 4무늬 총 20무늬를 잡아 나머지 7단을 더 뜬다.

✖ 칼라 뜨기

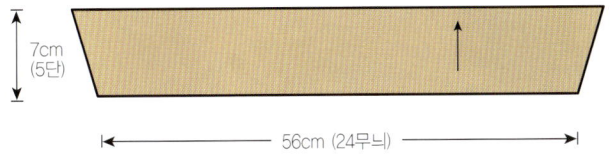

7cm
(5단)

56cm (24무늬)

≫칼라 무늬뜨기

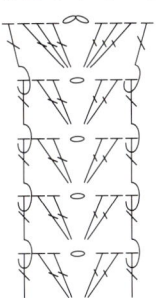

☆ 칼라

몸판 시작코에서 24무늬를 만들어 칼라
무늬뜨기로 5단을 뜬다.

✖ 마무리하기

☆ 마무리

❶ 앞단, 밑단, 칼라, 진동둘레 등 전체 둘레에 테두리 무늬뜨기를
   떠서 완성한다.

❷ 도안과 같이 코사지를 뜨고 중앙에 나무비즈를 달아 준다.
   베이지색과 자주색 스웨이드 끈 여러 겹을 코사지에 붙여 주고
   끝에 나무비즈 장식을 하여 글루건으로 납작한 브로치핀에
   고정한다.

❸ 베이지색 스웨이드 끈으로 목둘레를 꿰고 양 끝에는 나무비즈를
   달아 준다.

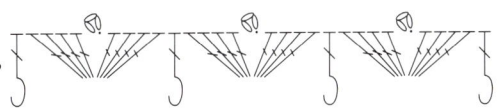

전체둘레, 칼라 테두리 무늬뜨기

데이지라인 베스트

오른쪽과 왼쪽 몸판을 뜨고 두 몸판을 연결한 후, 다시 무늬뜨기로 아랫단을 완성한다.
스커트와 매치하면 여성스러운 분위기, 팬츠와 매치하면 캐주얼한 분위기를 연출한다.

★ 재료와 도구

실
플로라사 검정색 120g,
플로라사 베이지색 80g,
메탈사 금색 20g

바늘
코바늘 2/0호

★ 완성치수
가슴둘레 – 80cm
옷길이 – 40cm

★ 게이지
20코 28단
2 1/2무늬 10단

사용한 뜨기부호

○ 사슬뜨기
✚ 짧은뜨기
Ŧ 한길 긴뜨기
≢ 두길 긴뜨기

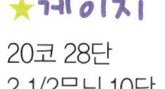

데이지라인 베스트

✳ 몸판 뜨기

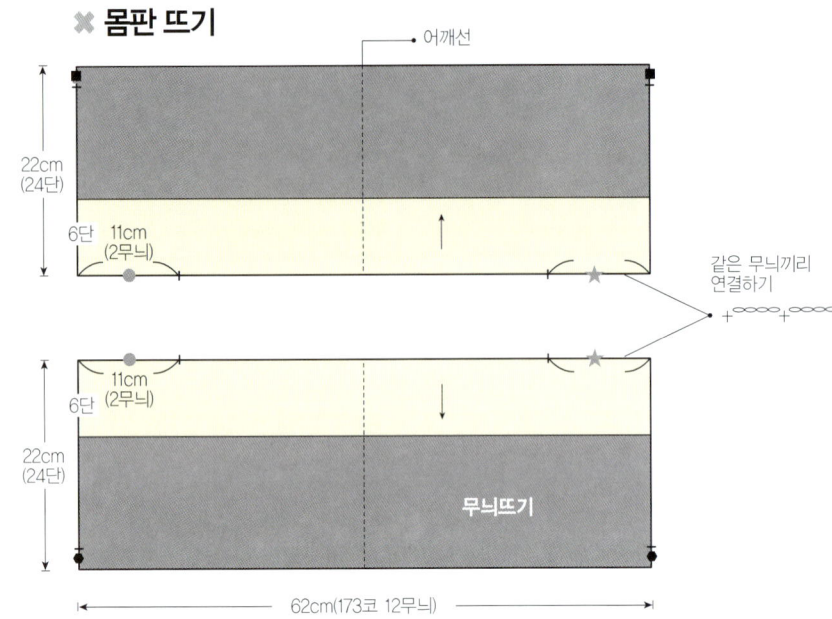

어깨선

22cm
(24단)

6단 11cm
(2무늬)

같은 무늬끼리
연결하기

11cm
(2무늬)
6단

22cm
(24단)

무늬뜨기

62cm(173코 12무늬)

✿ 몸판

① 베이지색 플로라사 1겹과 금색 메탈사 1겹을
합사하여 2/0호 코바늘을 사용하여 사슬뜨기로
173코를 잡는다.

② 도안의 무늬뜨기로 6단을 뜬다.

③ 검정색 플로라사 1겹으로 바꾸어 무늬뜨기로
18단을 뜬다.

④ 같은 방법으로 1장을 더 뜬다.

⑤ 도안과 같이 2장을 맞대어 베이지색 부분의 같은
무늬끼리, 검정색 부분의 같은 무늬끼리
연결한다.

⑥ 베이지색 플로라사 1겹과 금색 메탈사 1겹을
합사하여 밑단 둘레에서 짧은뜨기로 266코를
뜬다.

⑦ 둘레뜨기를 하면서 6단을 뜬다.

⑧ 실을 검정색 플로라사로 바꾸어 9단을 뜬다.

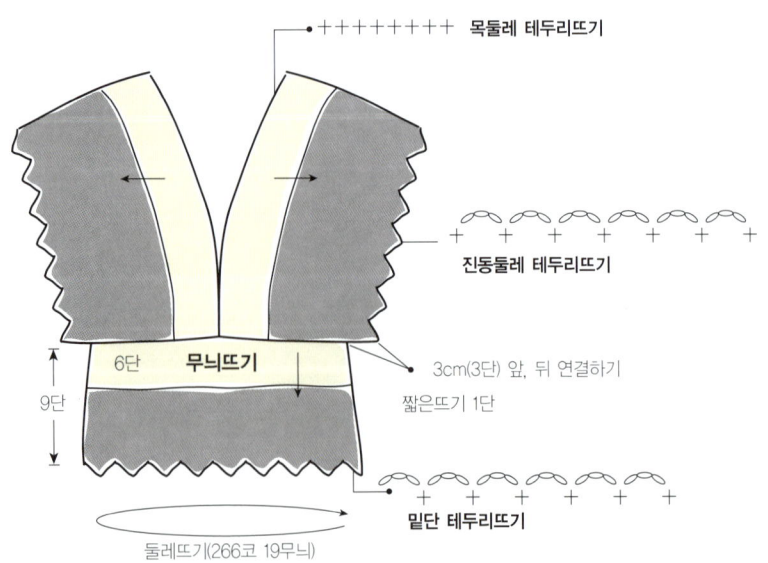

++++++++ 목둘레 테두리뜨기

진동둘레 테두리뜨기

3cm(3단) 앞, 뒤 연결하기
짧은뜨기 1단

6단 무늬뜨기

9단

밑단 테두리뜨기

둘레뜨기(266코 19무늬)

✖ 마무리하기

|← ──────── 끈 뜨기(140cm) ──────── →|

☆ 마무리

❶ 베이지색 플로라사와 금색 메탈사를 1겹씩
   합사하여 목둘레를 테두리뜨기 한다.
❷ 검정색 플로라사로 진동둘레와 밑단에
   테두리뜨기를 한다.
❸ 검정색 플로라사로 140cm 끈 뜨기를 한다.

〉〉무늬뜨기

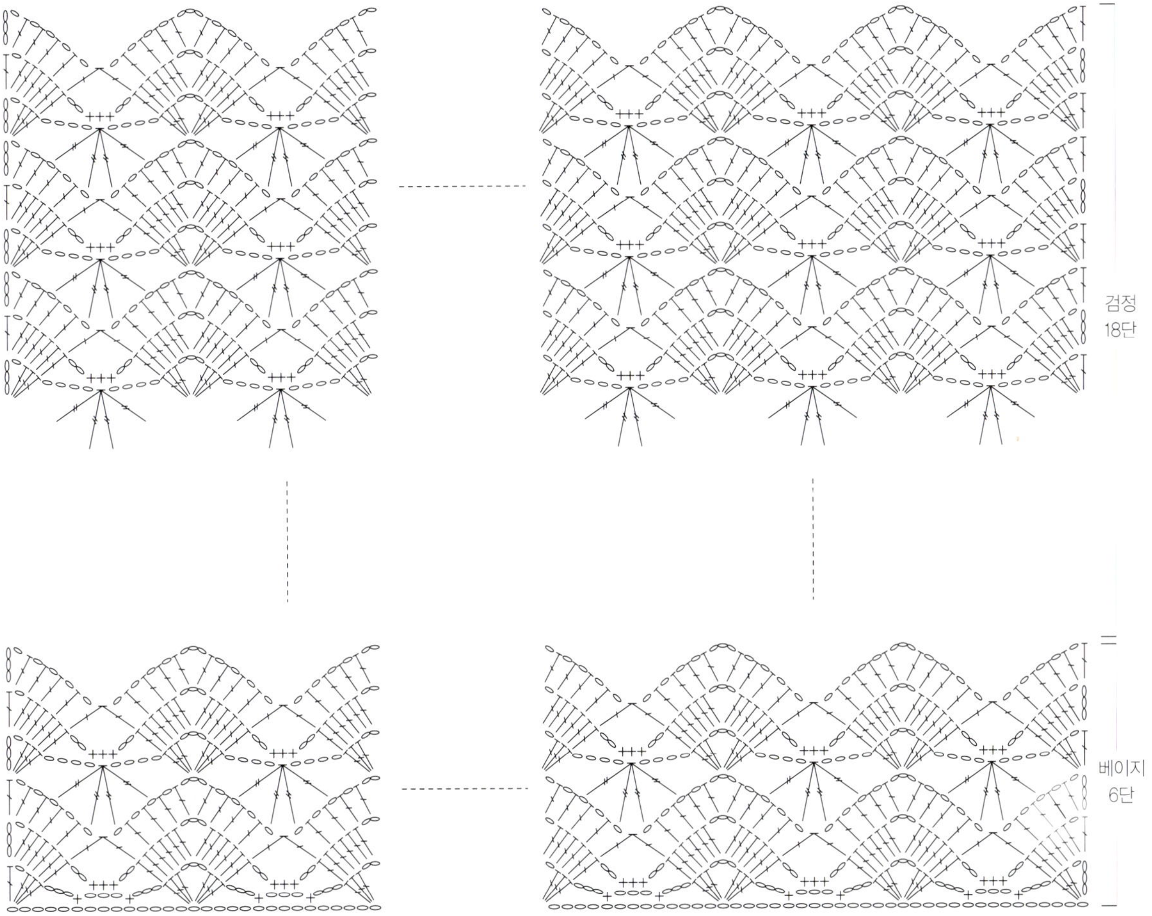

검정
18단

베이지
6단

05 파인애플 짜임의 볼레로

사슬뜨기, 짧은뜨기, 한길 긴뜨기만으로 완성된 재미있는 파인애플 짜임의 볼레로.
앞섶과 칼라의 선을 아기자기하게 처리해 더욱 여성스럽고 사랑스럽다.

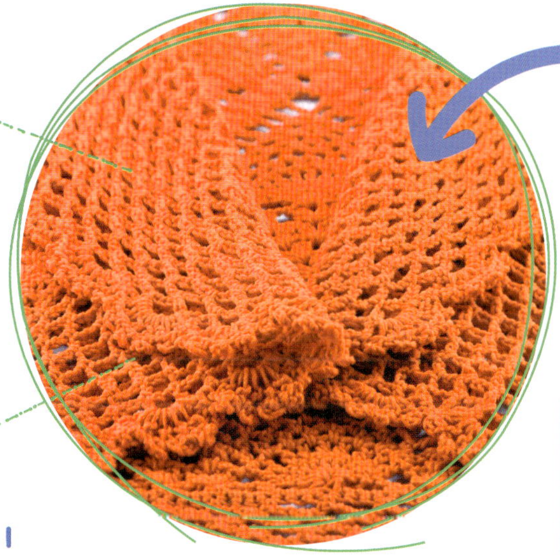

★완성치수

가슴둘레 – 80cm
옷길이 – 34cm
소매길이 – 11cm

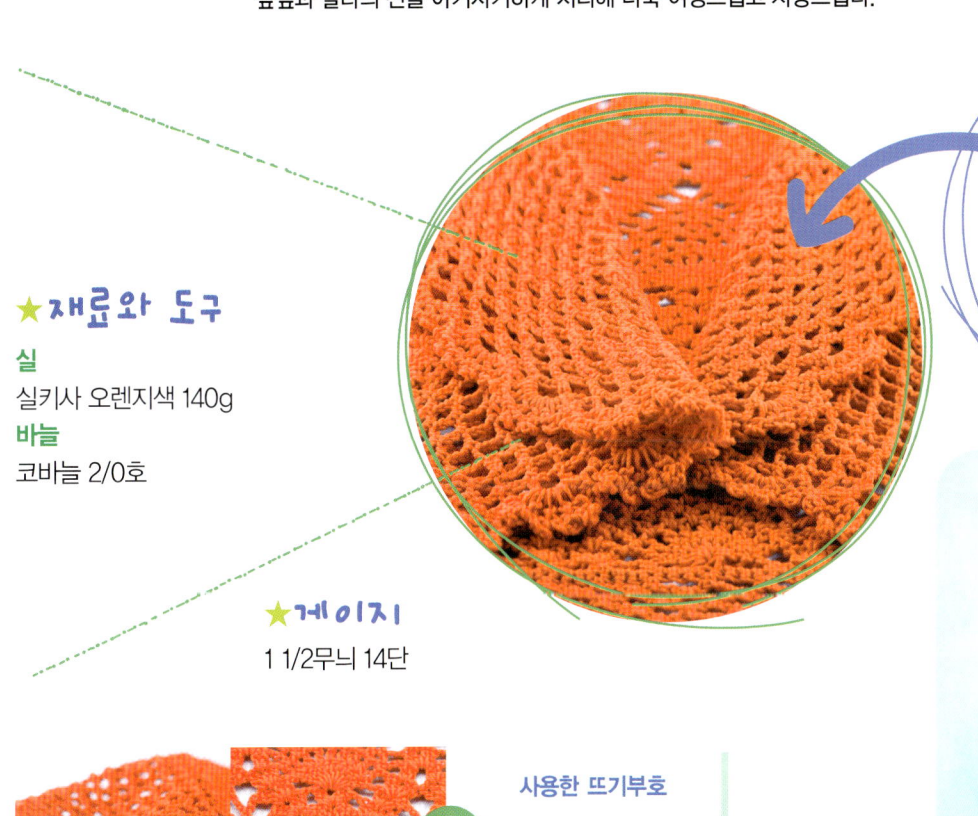

★재료와 도구

실
실키사 오렌지색 140g

바늘
코바늘 2/0호

★게이지

1 1/2무늬 14단

사용한 뜨기부호

○ 사슬뜨기
＋ 짧은뜨기
한길 긴뜨기
피코뜨기

파인애플 짜임의 볼레로

✖ 몸판 뜨기

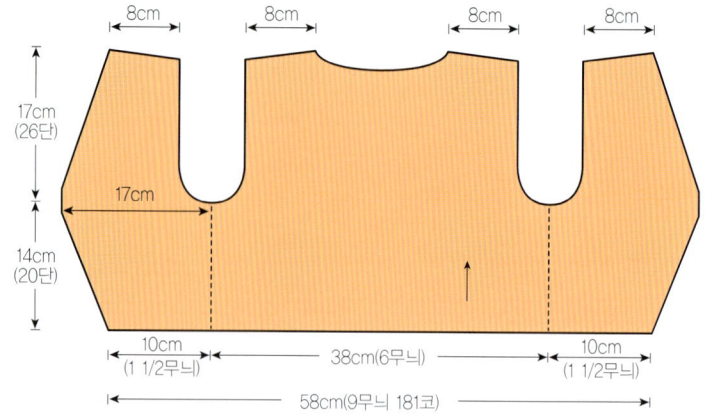

❀ 몸판

❶ 오렌지색 실키사로 5/0호 코바늘을 사용하여
   사슬코 181코를 잡는다.

❷ 무늬뜨기 도안을 참고하여 9무늬를 만든다.

❸ 앞섶 늘림을 하면서 20단을 뜬다.

❹ 20단째부터는 앞진동을 줄이고 다시 앞목 줄임을
   하면서 26단을 뜬다.

❺ 도안의 표시된 부분에 새 실을 걸어 뒤판을 뜬다.

❻ 다시 새 실을 걸어 떠 놓은 앞판에
   대칭이 되게 다른 쪽 앞판을 완성한다.

❀ 소매

❶ 오렌지색 실키사로 5/0호 코바늘을
   사용하여 사슬코 77코를 잡는다.

❷ 도안과 같이 19무늬를 잡아 소매산
   줄임을 하면서 16단을 뜬다.

❸ 같은 방법으로 한 장을 더 뜬다.

✖ 소매 뜨기

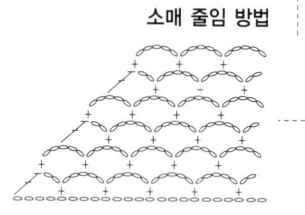

소매 줄임 방법

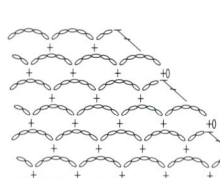

≫밑단, 칼라 무늬뜨기

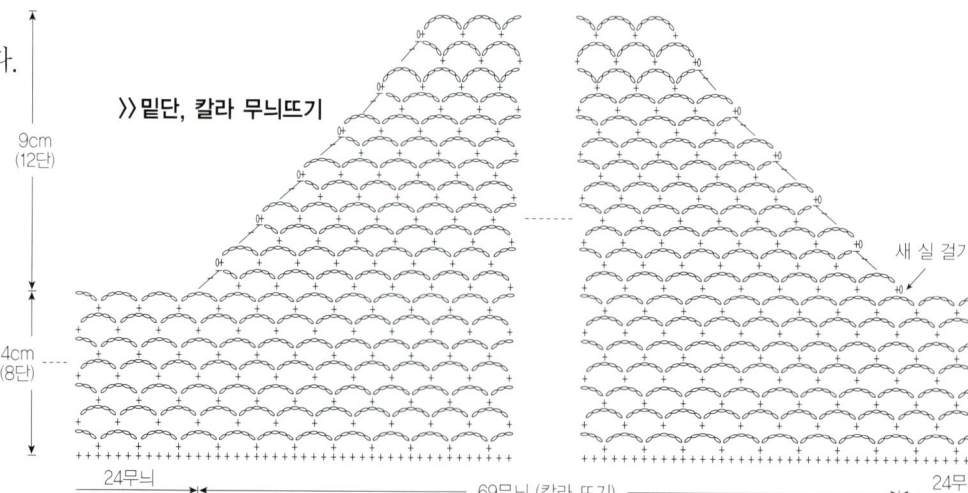

새 실 걸기

〉〉몸판 무늬뜨기

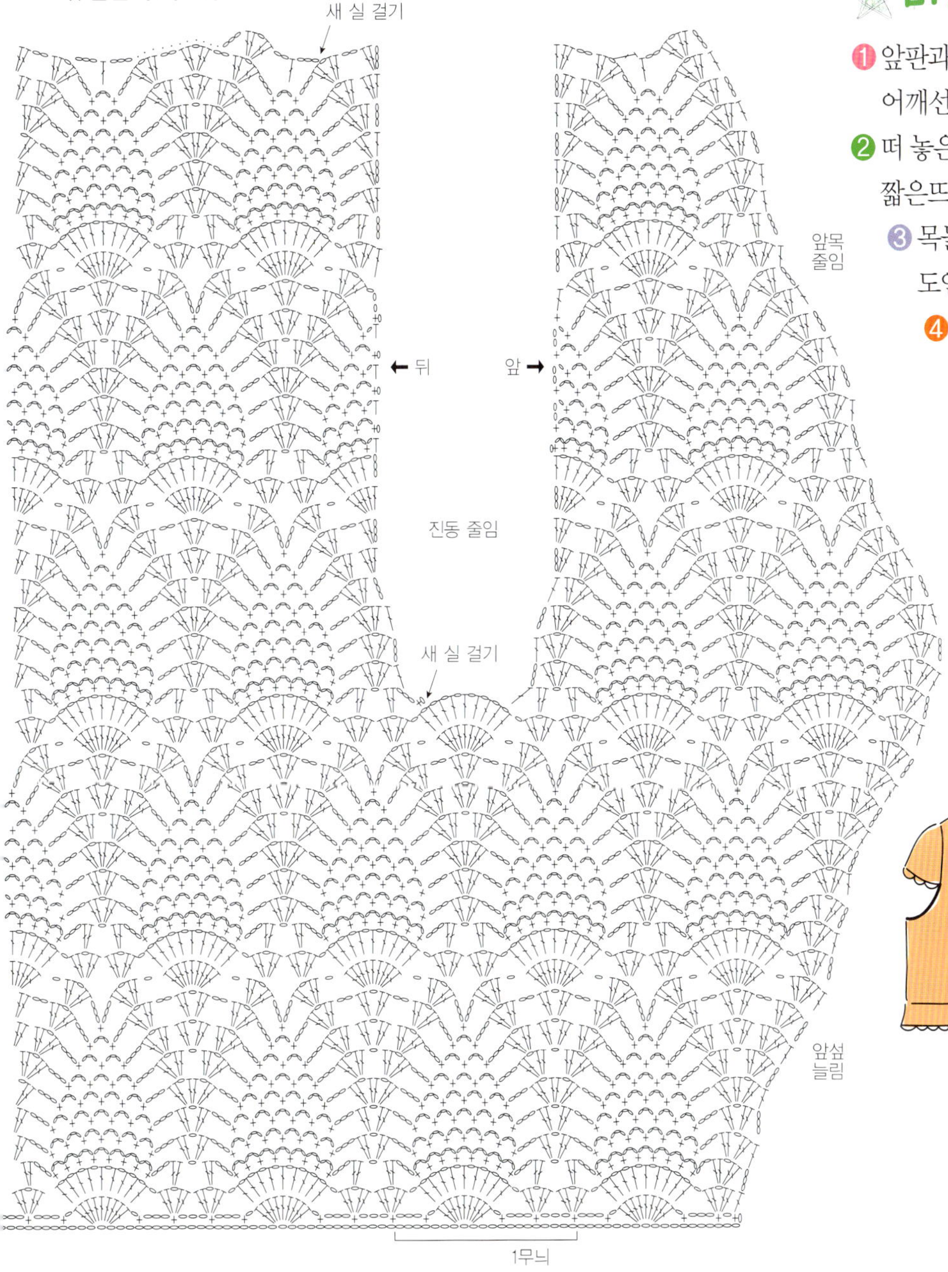

새 실 걸기

앞목
줄임

← 뒤   앞 →

진동 줄임

새 실 걸기

앞섶
늘림

1무늬

☆ 마무리

1. 앞판과 뒤판의 겉과 겉을 맞대어 짧은뜨기로 어깨선을 연결한다.
2. 떠 놓은 소매를 몸판의 진동둘레에 맞추어 짧은뜨기와 사슬뜨기로 연결한다.
3. 목둘레와 밑단둘레에 짧은뜨기 1단씩을 뜨고 도안의 표시대로 117무늬를 만든다.
4. 밑단은 8단까지만 뜨고 표시된 부분에 새 실을 걸어 줄임을 하면서 칼라 12단을 뜬다.
5. 전체 둘레에 테두리 무늬뜨기를 한다.
6. 소매 테두리도 무늬뜨기를 하고 나머지 진동 부분은 짧은뜨기 1단을 뜬다.

✖ 마무리하기

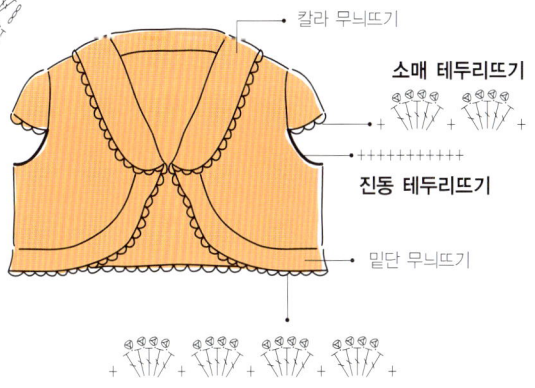

칼라 무늬뜨기

소매 테두리뜨기

진동 테두리뜨기

밑단 무늬뜨기

밑단, 칼라 테두리 무늬뜨기

스위트 메탈 볼레로

검정색 스위트사를 이용, 심플한 디자인에 은색 메탈 선을 넣어 뜬 세련된 스타일의
볼레로. 세미 정장 차림에 적당한 아이템이다.

★재료와 도구

실
스위트사 검정색 270g,
메탈사 은색 조금
바늘
코바늘 3/0호
기타
비즈 장식

★게이지

2 1/2무늬 13단

★완성치수
가슴둘레-80cm
옷길이-33cm
소매길이-10cm

사용한 뜨기부호

○ 사슬뜨기
Ŧ 한길 긴뜨기
+ 짧은뜨기

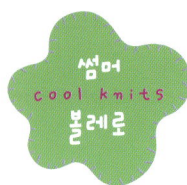

썸머
cool knits
볼레로

스위트 메탈 볼레로

뒤판

1. 검정색 스위트사로 3/0호 코바늘을 사용하여 사슬코 123코를 잡는다.
2. 한길 긴뜨기 3코를 뜬 다음 도안과 같이 무늬뜨기를 반복해서 뜬다.
3. 앞판의 도안과 같이 옆선을 줄이면서 19단을 뜨고 진동 줄임을 하면서 25단을 뜬다.
4. 도안과 같이 뒷목둘레 줄임을 하여 완성한다.

몸판 뜨기

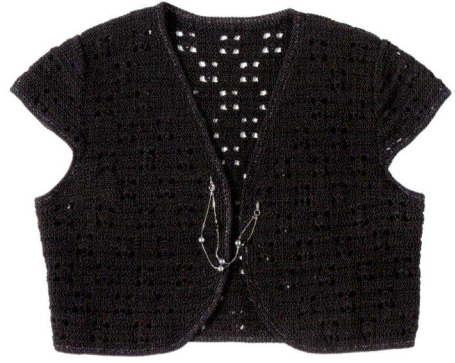

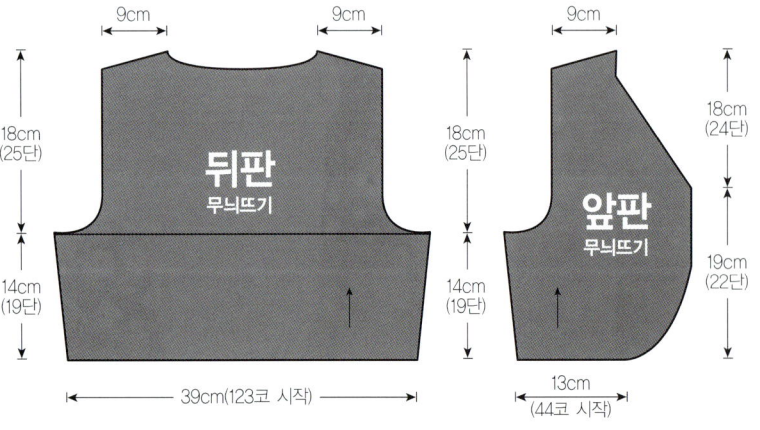

9cm
9cm
9cm
18cm
(25단)
14cm
(19단)
뒤판
무늬뜨기
18cm
(25단)
14cm
(19단)
39cm(123코 시작)
앞판
무늬뜨기
18cm
(24단)
19cm
(22단)
13cm
(44코 시작)

〉〉몸판 무늬뜨기

어깨 경사 줄임
앞목둘레
줄임
진동 줄임
옆선
늘림
앞섶
늘림
1무늬
뒤판 시작

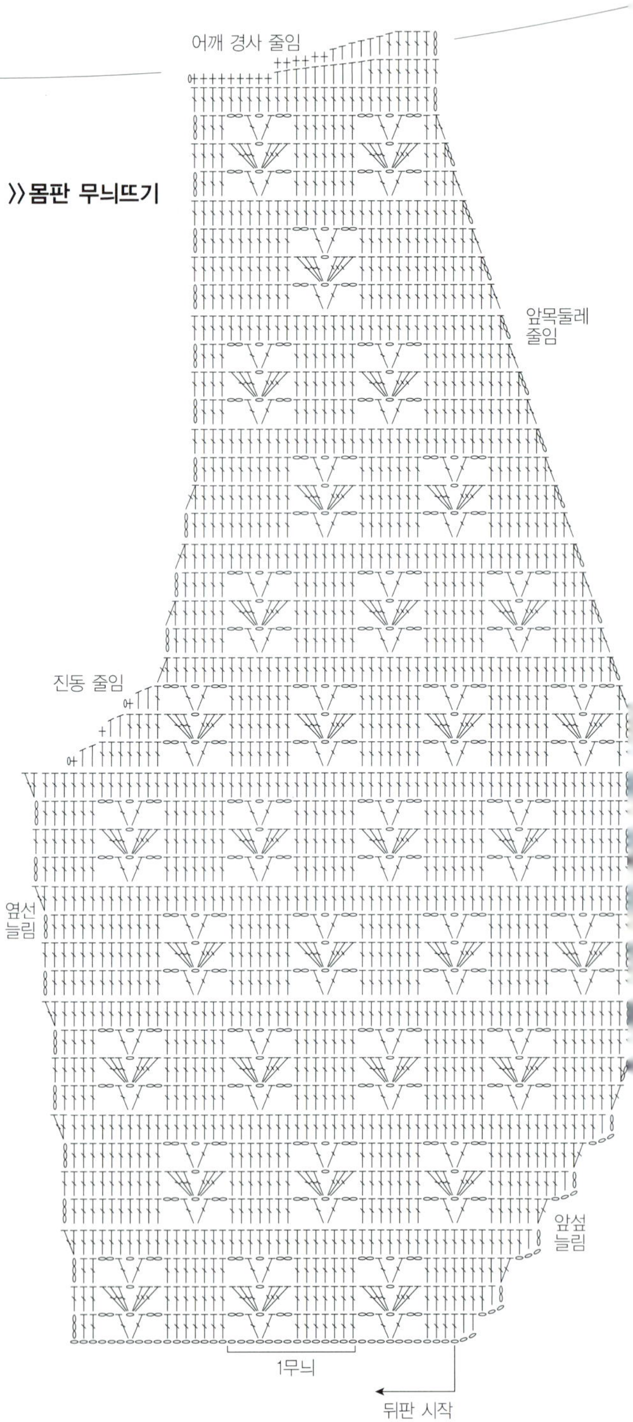

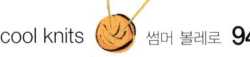

✖ 소매 뜨기

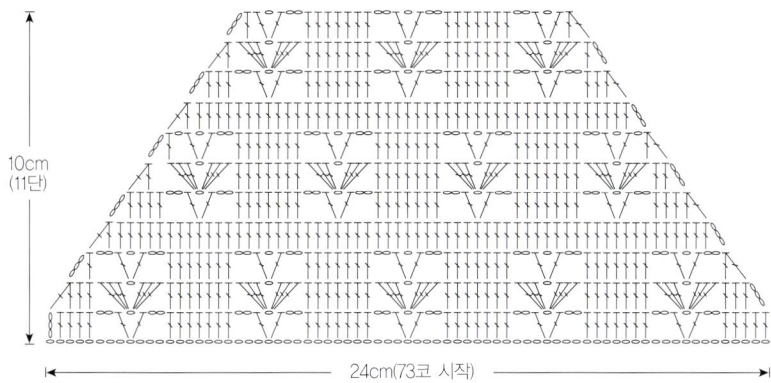

10cm
(11단)

24cm(73코 시작)

》뒷목둘레 줄임

✖ 마무리하기

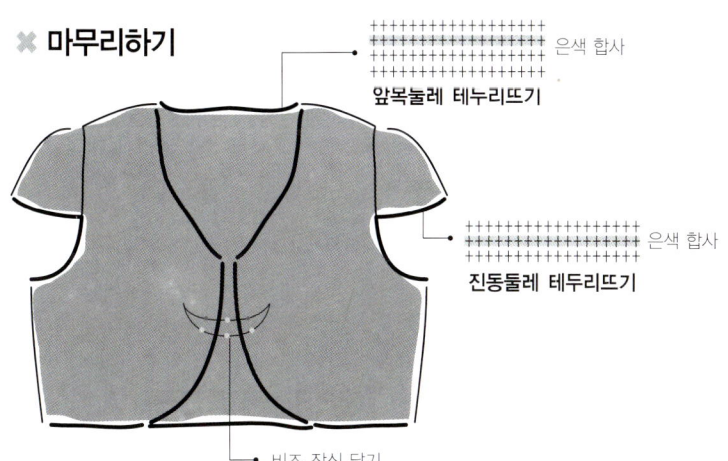

앞목둘레 테누리뜨기 · 은색 합사

진동둘레 테두리뜨기 · 은색 합사

비즈 장식 달기

⭐ 앞판

❶ 검정색 스위트사로 3/0호 코바늘을 사용하여 사슬코 44코를 잡는다.

❷ 도안과 같이 옆선, 앞섶 늘림을 하면서 19단을 뜨고 진동 줄임을 하면서 앞목둘레도 줄여 준다.

❸ 도안과 같이 어깨 경사 줄임을 하여 완성한다.

❹ 같은 방법으로 대칭이 되게 한 장을 더 뜬다.

⭐ 소매

❶ 검정색 스위트사로 3/0호 코바늘을 사용하여 사슬뜨기로 73코를 잡는다.

❷ 도안과 같이 소매산 줄임을 하면서 11단을 뜬다.

❸ 같은 방법으로 한 장을 더 뜬다.

⭐ 마무리

❶ 앞판과 뒤판의 겉과 겉을 맞대어 짧은뜨기로 어깨선, 옆선을 연결한다.

❷ 진동둘레에 맞추어 소매도 연결한다.

❸ 앞목둘레와 전체 둘레에 짧은뜨기로 테두리를 뜬다. 이때 세 번째 단은 은색 메탈사를 합사하여 뜬다.

❹ 진동둘레도 짧은뜨기로 테두리를 뜬다. 두 번째 단은 은색 메탈사를 합사하여 뜬다.

❺ 비즈 장식을 달아 완성한다.

손뜨개 2단계, 방법 익히기

[코 늘리기]

코 늘리기는 소매를 뜨거나 몸판을 뜰 때 자주 쓰이는 방법 중 하나. 코를 늘릴 때는 늘린 부분이 느슨하지 않도록 주의하면서 뜬다.

끝에서 1코 늘리기 (오른쪽)

1 끝의 1코를 뜨고 2단 밑의 코에 왼쪽 바늘의 끝을 넣어서 코를 끌어올린다.

2 오른쪽 바늘을 끌어올린 코에 찔러서 겉코로 뜬다.

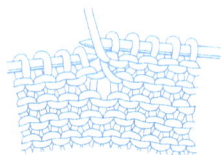

3 1코가 늘어난 모양.

늘림코로 늘리기

1 코를 늘리는 위치에서 겉뜨기일 때 늘림코를 한다.

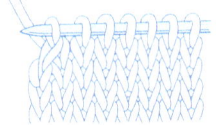

2 앞단의 늘림코를 비틀어 안뜨기를 한다.

3 늘림코로 늘어난 모양.

[코 줄이기]

진동둘레나 목둘레 등을 뜰 때 자주 이용되는 방법. 코를 줄일 때 코가 너무 늘어나거나 팽팽해지기 쉬우므로 끝코의 밸런스를 잘 맞추는 것이 중요하다.

왼쪽 끝

1 2코 앞까지 뜨고 왼쪽 바늘의 2코를 한꺼번에 뜬다.

2 왼쪽 끝코를 줄인 모양.

오른쪽 끝

1 끝의 1코를 오른쪽 바늘에 걸러뜨고 다음 코를 뜬다.

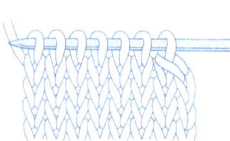

2 걸러뜬 코를 덮어씌운다.

3 오른쪽 끝코를 줄인 모양.